编写组

主　编

侯雪晗　李祎斌　强淑君

副主编

冉　秦　刘海荣　周　楠　李学明　苏銮勇

刘占军　图　雅　杨玉萍

编　委

马雪峰　何继荣　魏海燕　张　瑜　范　冰

杨　威　汪淑艳　马金梅　赵　琴　赵丽霞

徐萨萨　周　亮　高鹏飞　曹瑞琦　胡婧楠

月　鸢　王　宏　郭绍斌　王双贵　齐　麟

郭志宏　王志芳　胡岩松　朱东宁　牟　将

张　韬　谢建冲　赵云天　尹亚菲　赵小健

宁夏吴忠黄河国家重要湿地
野生动物图鉴

NINGXIA WUZHONG HUANGHE GUOJIA ZHONGYAO SHIDI
YESHENG DONGWU TUJIAN

侯雪晗　李祎斌　强淑君 | 主编

黄河出版传媒集团
阳光出版社

图书在版编目（CIP）数据

宁夏吴忠黄河国家重要湿地野生动物图鉴 / 侯雪晗，李祎斌，强淑君主编. -- 银川：阳光出版社，2023.10
ISBN 978-7-5525-7139-4

Ⅰ. ①宁… Ⅱ. ①侯… ②李… ③强… Ⅲ. ①沼泽化地－野生动物－吴忠－图集 Ⅳ. ①Q958.524.33-64

中国国家版本馆CIP数据核字(2023)第243967号

宁夏吴忠黄河国家重要湿地野生动物图鉴

侯雪晗　李祎斌　强淑君　主编

责任编辑　郑晨阳　王　瑞
封面设计　半　梦
责任印制　岳建宁

黄河出版传媒集团
阳光出版社　出版发行

出 版 人　薛文斌
地　　址　宁夏银川市北京东路139号出版大厦（750001）
网　　址　http：//www.ygchbs.com
网上书店　http：//shop129132959.taobao.com
电子信箱　yangguangchubanshe@163.com
邮购电话　0951-5014139
经　　销　全国新华书店
印刷装订　宁夏银报智能印刷科技有限公司
印刷委托书号　（宁）0027835

开　　本　787 mm × 1092 mm　1/16
印　　张　13.25
字　　数　200千字
版　　次　2023年10月第1版
印　　次　2023年10月第1次印刷
书　　号　ISBN 978-7-5525-7139-4
定　　价　128.00元

前言 INTRODUCTION

吴忠黄河国家湿地公园位于宁夏吴忠市利通区与青铜峡交界处，呈狭长带状，由西南向东北延伸，地势西南高东北低，北为银川平原，南为丘陵山地。其南部为牛首山及罗山余脉汇合而成的黄土丘陵地带，北部则为黄河冲积平原，海拔在 1 121~ 1 133 m。吴忠黄河国家湿地公园以黄河河道为主，同时在黄河两岸兼有少量黄河冲积平原，以及部分人工湖泊、人工水道等。

黄河水面宽阔、水流平缓，非常适合各类水禽栖息和繁衍，黄河两岸沙洲密布、林草丛生，是湿地公园涉禽的主要活动场所。湖泊、库塘滨水植物丰富、水中鱼虾众多，为春季和秋季候鸟迁徙提供理想场所和重要食物补给。因此，吴忠黄河国家湿地公园不同类型的湿地组合，为诸多湿地鸟类栖息和繁衍提供良好的场所和充足的食物供给。有记录以来，吴忠黄河国家湿地公园累计记录鸟类 18 目 42 科 140 种，其中包括 5 种国家一级重点保护野生动物（黑鹳、卷羽鹈鹕、白尾海雕、金雕、猎隼）和 22 种国家二级重点保护野生动物（大天鹅、斑头秋沙鸭、灰鹤等）。从鸟类居留型来看，有常年留居的留鸟、夏季繁殖的夏候鸟、冬季越冬的冬候鸟、春秋迁徙路过的旅鸟以及偶然出现的迷鸟。

本书主要对吴忠黄河国家湿地公园分布的鸟类，按照目、科的分类顺序进行详细描述，每个鸟种配有一至多幅彩色照片，反映其形态特征、保护级别、居留类型、分布情况、生活习性等。因尚未完成照片采集工作，对湿地内的两栖爬行动物及哺乳动物，参照宁夏吴忠国家湿地公园本地资源报告，以名录的形式展现。

本书鸟种的学名和中文名称，采用于郑光美（2023）《中国鸟类分类与分布名录》（第四版），并在该名录的分类框架下按种排序呈现，便于各类读者阅读使用。读者在使用鸟类名称时应注意名称的来源，避免近年来因为分类体系的变化带来学术交流上的困扰。

特别感谢吴忠市湿地保护管理中心对该书出版的指导与帮助，近年来贵单位的科学监测和管理使湿地生态功能进一步改善，生物多样性保护工作成效显著。

由于编者专业能力和水平有限，书中难免出现错漏，敬请读者批评指正。

编著者

目录 CONTENTS

01

Part one

鸡形目

环颈雉

学　名：*Phasianus colchicus*

英文名：Common Pheasant

保护级别：三有	居留类型：留鸟

描 述

又名野鸡、雉鸡，雄鸟体大，体长约 85 cm。雌鸟体小，体长约 60 cm。雉鸡雌雄异形。雄性雉鸡的羽毛非常多样，有耳羽簇，头部有黑色光泽，颜色丰富，尾长而尖，有些亚种有白色颈环。雌鸟体型较雄性小，具有黯淡的保护色，尾较短，全身为有杂斑的棕褐色至灰色。雌雄羽色一黯淡一鲜明，极易区分。

分 布

国内广泛分布。

习 性

雉鸡在地面觅食，善奔跑，飞行距离较短。栖息于开阔林地、灌木丛及农耕地等。食性广泛，主食为果实、谷物和种子。营巢于地面。一雄多雌制，发情期间雄鸟有较强的领地意识。秋冬季集群活动。

雄鸟

雌鸟

石鸡

学　名：*Alectoris chukar*

英文名：Chukar Partridge

保护级别：三有　　居留类型：留鸟

描述

因常不休止地“ka——ka——”鸣叫而得名嘎嘎鸡，体长 34 ~ 38 cm。整体为灰色，眼周红色，有一条过眼部和下喉部的黑色条带，上体粉灰，两胁具有黑色或栗色横斑及白色条纹。雌雄同色，但雌鸟色稍黯淡。

分布

广泛分布于中国北方。

习性

常栖息于开阔山区、高原、草原及干旱草地。常集群活动，在地面觅食。体羽保护色较好，在碎石山坡上不易被发现。季节性垂直迁徙。

02

Part two

雁形目

豆雁

学　名：*Anser fabalis*

英文名：Bean Goose

保护级别：三有	居留类型：冬候鸟

描 述

体长 70 ~ 85 cm。通体棕黑色、臀雪白，喙黑色，喙端有黄斑，足橘红色，飞行中颜色较其他灰色雁类色暗而颈更长。雌雄羽色相近。

分 布

国内广泛分布。

习 性

豆雁繁殖于泰加林内的沼泽或亚平原森林河谷中，越冬地生境多为开阔的平原草地、开阔水体和附近农田地区。喙扁平，边缘锯齿状，有助于过滤食物。有迁徙的习性，迁飞距离也较远。喜群居，飞行时成有序的队列，如“一”字形、“人”字形等。一夫一妻制配对较稳定，雌雄共同养育雏鸟。营巢于水体岸边，或湖心岛屿中。成鸟通常在 7 月中旬至 8 月中旬换羽，换羽期间基本失去飞翔能力，在地面奔跑活动。

灰雁

学　名：*Anser anser*

英文名：Greylag Goose

保护级别：三有	居留类型：夏候鸟

描述

体长 75 ~ 88 cm。通体灰褐色，喙及足为粉色是主要辨别特征，颈有深色斜纹，上体羽毛形成扇贝状的褐白色相间图案，尾上及尾下覆羽均为白色，前胸羽色较浅。雌雄差异不明显，雄性略大于雌性。

分布

繁殖于我国东北和西北，迁徙时经过我国大部分地区，越冬于我国西南及东部地区。

习性

越冬于广阔水域，繁殖于大面积沼泽或芦苇密布的湖泊。生性警惕，喜集群活动，尤其在迁徙季节集大群。白天在浅水区域，利用其边缘具齿的喙觅食，很少潜水。通常晚上迁徙，呈单列或“人”字形飞行，有时边飞边叫。

大天鹅

学　名：*Cygnus cygnus*

英文名：Whooper Swan

保护级别：国家二级	居留类型：冬候鸟

描 述

体长 140 ~ 160 cm。雌雄相近的白色天鹅，喙和足黑色，喙基有大片黄色，亚成鸟羽毛沾灰棕色。体型较小天鹅大。

分 布

繁殖于我国西北、东北地区，迁徙经过西北、华北地区，越冬于黄河流域至长江中下游之间区域，偶至东部沿海地区。

习 性

常头朝下倒栽入水觅食，臀部露于水面，有时头颈部被染成暗黄色。候鸟，集群迁徙，飞行时排成“一”“人”字或“V”形队伍。

小天鹅

学　名：*Cygnus columbianus*

英文名：Tundra Swan

保护级别：国家二级	居留类型：冬候鸟

描 述

体长 115 ~ 150 cm，成鸟雌雄相近，全身羽毛雪白，亚成鸟羽毛有灰棕色。喙和足黑色，喙基黄色面积较大天鹅小。体型比大天鹅小。

分 布

迁徙时经过中国西北、东北及华北，越冬于长江中下游地区和东南地区，偶见于西南、华南。

习 性

栖息于水生植物丰富的宽阔浅水湖泊，也会觅食于草滩或农田中。主要食水生植物的根茎和种子等植物性食物，也兼食少量水生昆虫、蠕虫、螺类和小鱼。迁徙性鸟类。筑巢于河湖边的芦苇丛中。结群飞行时呈“V”形。

赤麻鸭

学　名：*Tadorna ferruginea*

英文名：Ruddy Shelduck

保护级别：三有	居留类型：留鸟

描述

体长约 63 cm。全身橙栗色，头金色，喙和足黑色，尾羽黑色，飞行时可见其翼上覆羽有白色色块、翼镜铜绿色。翼下色白。雌雄大致相似，雄鸟夏季颈基有明显的黑色领环，雌鸟羽色稍淡，头顶和头侧泛白色，无黑色领环。

分布

在国内广布于除海南外的各地，广泛繁殖于中国东北和西北，在中国中部和南部越冬。

习性

常见于河流、湖泊、人工湿地等内陆淡水生境。集群或成对活动。杂食，多觅食于浅滩或草地，也在水面觅食。迁徙性鸟类，春、秋季节集大群迁徙。常鸣叫。

翘鼻麻鸭

学　名：*Tadorna tadorna*
英文名：Common Shelduck

保护级别：三有	居留类型：夏候鸟

描 述

体长 55 ~ 65 cm。颜色鲜明的黑白色鸭。头颈黑绿色，体羽主要为白色，胸部有一栗色横带。喙和足鲜红。起飞时可见翼上覆羽雪白，飞羽几乎全黑有灰绿色翼镜。翼下白色。雌雄色近，但雌鸟颜色稍黯淡。区别在于雄鸭额基部有红色隆起的皮质肉瘤，雌鸭没有。

分 布

繁殖于中国北方及东北，迁至中国东南部越冬。

习 性

翘鼻麻鸭繁殖于沼泽、开阔湖泊、也出现于草原。性喜集群。繁殖期成对活动，冬季常集成几十几百只的大群。善游泳和潜水，也善行走。主要以水生昆虫、藻类、软体动物、甲壳类、陆栖昆虫、小鱼等动物性食物为食，也吃植物叶片、嫩芽和种子等植物性食物。

斑嘴鸭

学　名：*Anas zonorhyncha*

英文名：Chinese Spot-billed Duck

保护级别：三有	居留类型：留鸟

描 述

体长 58 ~ 63 cm。大型深褐色鸭。头色浅，头顶及颜色线深，喙黑，喙端黄色，在繁殖期黄色喙端顶尖可见一黑点。喉及颊皮黄，飞行时可见白色的三级飞羽，两性同色，雌鸟较雄鸟稍黯淡。

分 布

在中国繁殖于长江以北，越冬于华北至华南和西南的广大区域。

习 性

斑嘴鸭主要栖息在内陆各类大小湖泊、水库、江河、水塘、河口、沙洲和沼泽地带。迁徙期间和冬季也出现在沿海和农田地带，除繁殖期外，常成群活动。也与其他鸭类混群。善游泳，也善于行走，但很少潜水。活动时常成对或分散成小群游泳于水面，休息时多集中在岸边沙滩或水中小岛上。

绿头鸭

学　名：*Anas platyrhynchos*

英文名：Mallard

保护级别：三有	居留类型：留鸟

描 述

体长 50 ~ 60 cm，是家鸭的野型。雄鸟头及颈深绿色带光泽，具有一明显的白色颈环，胸为栗色。雌鸟褐色斑驳，有深色的贯眼纹。雌雄羽色一黯淡一鲜明，极易区分。

分 布

在中国可见于大部分地区，繁殖于东北、华北和西北地区，越冬于华北，华南和华东地区，亦见于西南地区。

习 性

栖息于水生植物丰富的湖泊、河流、池塘、沼泽等多种生境。主要以野生植物的叶、芽、茎、种子和水藻等植物性食物为食，也吃软体动物、甲壳类、水生昆虫等动物性食物。除繁殖期外常成群活动，特别是迁徙和越冬期间，常集成数十、数百甚至上千只的大群。觅食多在清晨和黄昏，白天常在河湖岸边沙滩或湖心沙洲和小岛上休息或在开阔的水面上游泳。

雄鸟

雌鸟

赤膀鸭

学　名：*Mareca strepera*

英文名：Gadwall

保护级别：三有	居留类型：冬候鸟

描述

体长 45 ~ 57 cm。整体棕褐色，喙黑色，头棕色，尾黑色，腿橘黄色，体型较绿头鸭稍小，喙稍细，次级飞羽和腹部为白色。

分布

广泛分布在我国，繁殖于新疆西部及东北西部，越冬于西南、华中及东南沿海。

习性

常集群活动，常与其他鸭雁混群，越冬时喜在内陆的开阔水域活动，繁殖期更喜在水草茂密的水域活动，生性机警。主要取食水生植物，取食时将头埋入水中或食用浮草，有时也在岸上觅食。

绿翅鸭

学　名：*Anas crecca*

英文名：Eurasian Teal

保护级别：三有	居留类型：留鸟

描 述

体长 34 ~ 38 cm。雄鸟有明显的金属亮绿色，带皮黄色边缘的贯眼纹横贯栗色的头部，肩羽上有一道长长的白色条纹，深色的尾下羽外缘具皮黄色斑块；其余体羽多灰色。雌鸟褐色斑驳，腹部色淡。翼镜亮绿色，前翼色深，头部色淡。

分 布

在中国繁殖于东北各地及新疆西北部，冬季迁至黄河以南的大部分地区，包括台湾和海南。

习 性

绿翅鸭繁殖期主要栖息在开阔而水生植物茂盛，且少干扰的中小型湖泊和各种水塘中。非繁殖期则喜欢栖息在开阔的大型湖泊、江河、河口。喜集群。绿翅鸭在冬季主要以植物性食物为主，其他季节也吃螺、甲壳类、软体动物、水生昆虫和其他小型无脊椎动物。飞行时振翅极快。

雌鸟

雄鸟

琵嘴鸭

学　名：*Spatula clypeata*

英文名：Northern Shoveler

保护级别：三有	居留类型：留鸟

描 述

体长 44 ~ 52 cm。易识别，喙长且末端呈匙形。雄鸟腹部栗色，胸白色，头为深绿色且具光泽。飞行时浅灰蓝色的翼上覆羽与深色飞羽及绿色翼镜成对比。雌鸟褐色斑驳，尾近白色，贯眼纹深色。

分 布

在中国繁殖于东北和西北地区，越冬于长江以南的大部分地区，包括台湾和海南。

习 性

栖息于开阔地区的河流、湖泊、水塘、沼泽等水域环境中，也出现于山区河流、高原湖泊、小水塘和沿海沼泽及河口地带。常成对或成 3 ~ 5 只的小群活动，也见有单只活动的。在迁徙季节也集大群。常漫游在水边浅水处，行动极为谨慎小心，若有危险，立刻向远处游去或者突然从水面起飞。游泳时后部高前面低，嘴常常触到水面。

雌鸟

左雄右雌

罗纹鸭

学　名：*Mareca falcata*

英文名：Falcated Duck

保护级别：三有	居留类型：冬候鸟

描述

体长 46 ~ 54 cm。雄鸟繁殖羽甚华丽，翼镜墨绿色而上缘白色，尾下覆羽呈黄白色斑块，脸部、颈部羽毛具绿色光泽，喉白，胸至胁具有细密“罗纹”，三级飞羽长而弯曲似镰刀。雌鸟整体褐色，无镰刀状三级飞羽，两胁略带扇贝形纹。雌雄异型，差异甚明显。

分布

国内广泛分布。

习性

繁殖期喜多水草的河口沼泽湿地、池塘，非繁殖期常栖息于大型浅水水域、稻田及洪泛草甸。主要以水藻、水生植物嫩叶、种子、草叶等植物性食物为食；也到农田觅食稻谷和幼苗，偶尔也吃软体动物、甲壳类和水生昆虫等小型无脊椎动物。觅食时间多在黄昏和清晨。非繁殖期常集群活动，且常与其他鸭类混群。

雄鸟

左雄右雌

赤嘴潜鸭

学　名：*Netta rufina*

英文名：Red-crested Pochard

保护级别：三有	居留类型：留鸟

描述

体长 53 ~ 57 cm。雌雄异型。繁殖期雄鸟头部锈红色，喙橘红色，前半身黑色，两肋白色，尾部黑色，翼下羽白，飞羽白色，飞羽端黑色。雌鸟通体褐色，两肋无白色，脸颊棕色与白色分界线明显，喙黑色，喙边缘粉色。雄鸟非繁殖羽似雌鸟，但喙为红色。雄鸟足粉红，雌鸟灰色。

分布

繁殖于新疆、内蒙古和青藏高原，越冬于西藏和西南地区的高原淡水湖泊中，冬季散布于华中、东南及西南各处。

习性

喜爱开阔的淡水湖泊或水流缓慢的河流，尤其是有挺水植物的深水区域。主要取食水生植物、鱼虾贝类。善潜水，在潜水处也会像浮水鸭一样取食。有时会上岸取食青草、种子。常成对或成小群活动。

左雌右雄

红头潜鸭

学　名：*Aythya ferina*
英文名：Common Pochard

保护级别：三有	居留类型：旅鸟

描述

体长 41 ~ 50 cm。雌雄异型。雄鸟繁殖羽头部红栗色，与亮灰色的喙、黑色的胸部及上背形成对比，腰黑色，背及两胁显灰色且近看有烟灰色细纹。雄鸟非繁殖羽羽色黯淡。雌鸟背灰色，头、胸及尾近褐色，眼周泛白。喙上灰色部占比较雄鸟更小。

分布

全国可见，各地根据迁徙路径出现月份不同。

习性

主要栖息于富有水生植物的开阔湖泊、水库、水塘、河湾等各类水域中，冬季也常出现在水流较缓的江河、河口和海湾。性喜集群，可达数百上千只。善潜水，取食水生植物及鱼虾贝类，觅食多在晨昏时期，也可整晚觅食。白天漂浮于水面或停歇在岸边、沙洲休憩。

雌鸟

雄鸟

白眼潜鸭

学　名：*Aythya nyroca*

英文名：Ferruginous Duck

保护级别：三有	居留类型：旅鸟

描 述

体长 33 ~ 43 cm 的深色鸭，通体深色，眼及尾下羽白色，雄鸟头及前胸深红棕色，肋下棕色，翼上及上背深棕色。喙灰色，足黑色。飞行时可见其腹部白色，翼下雪白，飞羽白色而有黑色末端。雄鸟有“白眼”，虹膜白色，而雌鸟无“白眼”，虹膜褐色，雌鸟为暗烟褐色。

分 布

繁殖于西部地区，越冬于四川中部、长江中下游至华南地区和台湾，迁徙时经过我国大部分地区，较常见。

习 性

喜欢水流缓慢的池塘、湖泊和水库等开阔水域，较少出现于咸水水域。善潜水。杂食性，主要以水生植物和鱼虾贝壳类为食。成对或成小群活动。极危物种青头潜鸭迁徙时常混群于白眼潜鸭中，浮于水面时，青头潜鸭两胁可见白色，而白眼潜鸭浮水时两胁不可见白色。

左雌右雄

凤头潜鸭

学　名：*Aythya fuligula*

英文名：Tufted Duck

保护级别：三有	居留类型：旅鸟

描 述

体长 34 ~ 49 cm。雌雄异型的鸭类。雄鸟非繁殖羽除腹部、两胁、翼镜为白色外，余部黑色。繁殖期雄鸟羽色更分明，深色部分羽毛具绿色或紫色金属光泽，枕部具有羽冠。雌鸟全身大致为褐色，头上羽冠较短。雌雄皆具有黄色虹膜，喙灰蓝色，喙端黑色。甚似红头潜鸭。

分 布

繁殖于我国西部和东北地区，越冬于长江流域及华东、华南地区，迁徙时经过我国大部分地区，甚常见。

习 性

喜好有水生植物的湖泊、池塘等水流缓慢的水域，多居于淡水，也出现于河口地区。喜深水区域，少见于浅水和污染水体。善潜水，取食水生植物和鱼虾贝类，在浅水处也似浮水鸭般将头扎入水中，尾朝上在水中觅食。喜集群，会与其他潜鸭混群与杂交。

雌鸟

雄鸟

针尾鸭

学　名：*Anas acuta*

英文名：Northern Pintail

保护级别：三有	居留类型：冬候鸟

描 述

体长约 55 cm。雌雄异型，差异明显。雄鸟头红棕色，颈部白色且具有向上延伸的白色细线，背部有长长的饰羽，尾羽长而尖，黑色，特化为针状，非繁殖期羽色黯淡。雌鸟整体褐色，上体多黑斑，尾羽尖，略长但不及雄鸟长。

分 布

全国性常见。迁徙时经过东北、华北和长江中下游北部地区，越冬于长江以南大部分地区。

习 性

活动于淡水河流、湖泊、沼泽、盐碱湿地、水塘以及开阔的沿海地带和海湾等生境中。非繁殖期主要取食植物性食物，草籽和其他水生植物，也到农田觅食部分散落的谷粒。繁殖期间则多食动物性食物。觅食主要在黄昏和夜晚，主要在水边浅水处觅食。秋冬季节偶尔到附近农田觅食。喜集群，迁徙季节和冬季尤甚。

鹊鸭

学　名：*Bucephala clangula*

英文名：Common Goldeneye

保护级别：三有	居留类型：旅鸟

描述

体长 40 ~ 48 cm。雌雄异型，差异明显的鸭。雄鸟头部较大，黑色羽毛带有蓝色光泽，繁殖期喙基两侧各有一圆形大白斑，下体白，黑白分明特征明显。区别于雄鸟，雌鸟头部棕黑色，背部棕灰色。雌雄非繁殖羽相近。

分布

繁殖于中国黑龙江北部及西部地区，迁徙时见于中国北方，越冬广泛分布于南方。

习性

繁殖期栖息于有树林环绕的淡水湖泊中，越冬于河流、湖泊、海湾等多种生境。潜水取食，食物主要为昆虫及其幼虫、蠕虫、甲壳类，软体动物、小鱼、蛙以及蝌蚪等。喜集群，与其他种类偶有混群。求偶时，雄鸟胸部高高仰起，头枕向后仰或贴于背部。游泳时尾上翘。

雄鸟

斑头秋沙鸭

学　名：*Mergellus albellus*
英文名：Smew

保护级别：国家二级	居留类型：留鸟

描 述

又名白秋沙鸭，中等体型，体长 38 ~ 44 cm。雌雄异型。雄鸟体色黑白分明，有黑色“眼罩”，雌鸟体羽多灰色，额、头顶及枕部暗棕色，脸颊及喉白色，下体白色。飞行时黑白分明，特征显著。喙近黑色，与其他秋沙鸭相比较短粗。

分 布

除海南和青藏高原西部外可见于全国，多为冬候鸟。东北有繁殖记录。

习 性

喜好淡水湖泊、河流和林间沼泽，越冬于开阔水面，较少出现在海上。善潜水，鸟喙呈钩状，有锯齿，利于捕捉水生动物。栖于小池塘及河流，营巢于树洞。通常集 5 ~ 7 只的小群活动，冬季集成大群。

雌鸟

雄鸟

普通秋沙鸭

学　名：*Mergus merganser*

英文名：Common Merganser

保护级别：三有	居留类型：冬候鸟

描 述

体长 54 ~ 68 cm。国内体型最大的秋沙鸭，雌雄异型，雄鸟繁殖羽和雌鸟对比明显。雄鸟繁殖期头及背部黑绿色，胸部及胁下洁白，颜色对比明显。雌鸟及雄鸟非繁殖羽，头棕褐色而颏白，体羽总体较灰。幼鸟似雌鸟，喉白色一直延伸至胸。喙和足红色。普通秋沙鸭与其他秋沙鸭相比，喙端下勾明显。

分 布

分布较广，按迁徙路线而出现月份不同。冬季和迁徙期间在中国东部和长江流域常见。

习 性

栖息于芦苇丛生的湖泊湿地。善潜水，在水中捕食鱼、虾、水生昆虫等动物性食物为主，亦采食少量的水生植物。常成小群，迁徙期间和冬季，也常集成数十甚至上百只的大群，偶尔也见单只活动。

左雄右雌

赤颈鸭

学　名：*Marcea penelope*

英文名：Eurasian Wigeon

保护级别：三有	居留类型：旅鸟

描述

体长 42 ~ 51 cm。雌雄异型的鸭。雄鸟繁殖羽头颈棕红色，与胸部栗色形成对比，头顶浅金色，上背及下体灰色，尾黑色，飞行时白色翅羽与深色飞羽及绿色翼镜成对照。雌鸟通体棕褐或灰褐色，腹白，飞行时浅灰色的翅覆羽与深色的飞羽成对照。雌雄皆具有灰蓝色的喙，喙端黑色。

分布

繁殖于中国东北甚或西北，冬季迁徙至中国北纬 35° 以南的地区。

习性

栖息于江河、湖泊、水塘、河口、海湾、沼泽等各类水域中，尤喜欢富有水生植物的开阔水域中活动。除繁殖期外，常成群活动，也和其他鸭类混群。也善潜水。主要以植物性食物为食，也吃少量动物性食物。

鸳鸯

学　名：*Aix galericulata*

英文名：Mandarin Duck

保护级别：国家二级	居留类型：夏候鸟

描述

体长 41 ~ 51 cm。雌雄差异大，雄鸟颜色艳丽，最后一枚三级飞羽特化，在背部形成亮橙色的帆状结构。具极宽的白色眉纹，颈部金色，喙橙色。雌鸟色较黯淡，头颈灰色，体褐，具白色眼圈，眼后有白线，胁部有浅斑，翼镜蓝紫色。

分布

繁殖于华北、东北及内蒙古中东部，越冬于我国南方地区。

习性

喜成群活动，繁殖期寻找到配偶后分散繁殖。生活于混交林及附近的水域，在树上筑巢、休息。食性较广，包括林间和水域的食物。较警惕，但能在城市公园繁殖栖息。

雄鸟

左雄右雌

白眉鸭

学　名：*Spatula querquedula*
英文名：Garganey

保护级别：三有	居留类型：旅鸟

描述

体长 37 ~ 41 cm。雌雄异型。繁殖期雄鸟头巧克力色，具清晰的白色眉纹，胸、背棕而腹白，肩羽形长，黑白色，翼镜为闪亮绿色带白色边缘，飞行时可见蓝灰色翅上覆羽。雌鸟整体褐色，头部图纹显著，腹白色，翼镜暗橄榄色带白色羽缘。非繁殖羽雄鸟似雌鸟。

分布

繁殖于中国东北、西北。冬季南迁，较不常见。

习性

繁殖期筑巢于草原、湿地草甸、芦苇沼泽，觅食于开阔淡水湖泊、池塘、河口、水库、芦苇沼泽和湿润草滩，也至稻田觅食。主要以取食水生植物的叶、茎、种子等。春夏季节也吃软体动物、甲壳类和昆虫等水生动物。觅食多在夜间，白天在开阔水面或水草丛中休息。成对或集小群活动，迁徙和越冬时喜集大群。

花脸鸭

学　名：*Sibirionetta formosa*

英文名：Baikal Teal

保护级别：国家二级	居留类型：旅鸟

描述

体长 37 ~ 44 cm。雄鸟繁殖羽喙黑色，头顶深褐色，脸部纹理分明，有较大块带有金属光泽的亮绿色和小月牙状的乳黄色斑块，胸部棕色且有斑点，两肋具鳞状纹，肩羽细长，中心黑上缘白，翼镜铜绿色，臀黑色。雌鸟全身大致为褐色，似白眉鸭雌鸟但无白色眉纹，体型略大且嘴基有白点，雄鸟非繁殖羽似雌鸟。

分布

国内分布于东部和南部。

习性

常集小群或与其他雁鸭混群过境，取食于水面及稻田。

长尾鸭

学　名：*Clangula hyemails*

英文名：Long-tailed Duck

保护级别：三有	居留类型：迷鸟

描述

雌鸟体长 33 ~ 47 cm，雄鸟体长 51 ~ 60 cm。雄鸟喙黑色且近嘴尖处粉红色，冬季雄鸟头顶、枕部及颈部白色，头两侧灰色，颈侧有大块黑斑，背部白色，腰及尾上覆羽黑色，胸黑色，腹部及尾下覆羽白色，中央尾羽黑色且特别延长。夏季雄鸟头、颈、胸黑色，头侧有显著白斑。雌鸟喙灰色，无延长的中央尾羽，上体大致为深褐色，头侧、颈部和下体白色。雄鸟胸部的黑色斑块为本种特征。

分布

分布于中国东部沿海，偶见于内陆。

习性

冬季栖息于沿海浅水区，少见于淡水中。

雌鸟

雄鸟

03

Part three

鸊鷉目

小䴙䴘

学　名：*Tachybaptus ruficollis*

英文名：Little Grebe

保护级别：三有	居留类型：留鸟

描述

小型游禽，体长 23 ~ 29 cm。成鸟繁殖羽整体深棕黑色，颊、颈部红栗色，喙黑色，喙基有黄色椭圆形斑点。非繁殖羽整体浅栗色，颊、颈部白色，颊、颈侧淡黄色。未成年鸟脸偏白，头、颈部具有黑白相间的纵纹。

分布

国内广泛分布。

习性

常单独或成对活动，非繁殖期也集小群。善潜水觅食，食物主要为各种小型鱼类、虾、蜻蜓幼虫等动物性食物，偶尔也食用少量水生植物。育幼时期，亲鸟会让幼鸟爬到其背上活动。

雄鸟

雌鸟

凤头䴙䴘

学　名：*Podiceps cristatus*

英文名：Great Crested Grebe

保护级别：三有	居留类型：留鸟

描 述

体长 45 ~ 51 cm。喙长而尖锐，头顶黑色。头顶两侧的羽毛延长，形成较为明显的黑色冠羽，繁殖期颈部长出一圈长长的饰羽，组成像小斗篷一样的翎领，基部是红栗色，端部是黑色，极为醒目。

分 布

广布于全国各地。繁殖于北方，越冬于南方。

习 性

多单独或成对活动于多挺水植物的淡水水域，也见于河口和海湾。善潜水捕鱼和其他水生动物。繁殖期配对后，会有独特的求偶炫耀。以芦苇和水草建造浮巢。雌雄亲鸟共同育雏，亲鸟会让幼鸟爬到其背上活动。

04

Part four

鸽形目

岩鸽

学　名：*Columba rupestris*

英文名：Hill Pigeon

保护级别：三有	居留类型：留鸟

描述

体长约 31 cm。通体浅灰色，翅上有两道黑色横斑，尾羽中部白色，尾基灰色，颈部有紫绿色金属光泽。

分布

分布于我国北方、青藏高原及西南地区。

习性

营巢于山间岩隙中，集成大群，亦集小群在山谷草地觅食。

原鸽

学　名：*Columba livia*

英文名：Rock Dove

保护级别：三有	居留类型：留鸟

描述

体长约 32 cm。通体蓝灰色，翅偏白有两道黑色横斑，头胸部有紫绿色金属光泽，尾上覆羽白色。雌雄同型。

分布

主要分布于西北和内蒙古地区。

习性

原本为崖栖性，喜集群活动，善飞行，常盘旋飞行。主要以植物果实和种子为食。被驯化后即家鸽。

灰斑鸠

学　名：*Streptopelia decaocto*

英文名：Eurasian Collared Dove

保护级别：三有	居留类型：留鸟

描述

体长 25 ~ 34 cm。整体为灰色，后颈具黑色横纹，脚暗红色。雌雄同型。

分布

广泛分布于中国北方地区。

习性

常出现于农田、村庄和城镇附近，停栖于房子、电线杆上。以各种植物果实与种子为食。也吃草籽、农作物谷粒和昆虫。多呈小群或与其他斑鸠混群活动。

山斑鸠

学　名：*Streptopelia orientalis*

英文名：Oriental Turtle Dove

保护级别：三有	居留类型：留鸟

描 述

体长 28 ~ 36 cm。雌雄相似，整体偏粉色，颈侧具有黑白相间的条状横纹，上体具有深色扇贝状斑纹，体羽羽缘棕色，腰灰，尾羽近黑，尾端部浅灰。下体偏粉色，脚红色。体型较灰斑鸠稍大。雌雄同型。

分 布

国内广泛分布。

习 性

成对活动，多在开阔农耕区、村庄周围活动，有时亦与其他斑鸠混群。主要以植物种子为食，特别是农作物种子。多在地上觅食，以清晨和近黄昏较为活跃。

珠颈斑鸠

学　名：*Spilopelia chinensis*

英文名：Spotted Dove

保护级别：三有	居留类型：留鸟

描 述

体长 28 ~ 30 cm。整体粉褐色，头部灰白色，上体灰褐色，胸腹部浅粉紫色，颈侧有黑底白点的斑块。尾略显长，外侧尾羽前端的白色甚宽。雌雄同型。

分 布

广泛分布于华南、西南、华中、华北及中西部的大部分地区。

习 性

适应于各种生境，尤其是人类居住地附近的开阔林地、农田及公园等多种生境。一般单独或成对活动，在地面觅食，以植物性食物为主，也捕食昆虫，巢穴十分简陋。

05

Part five

夜鹰目

普通雨燕

学　名：*Apus apus*

英文名：Common Swift

保护级别：三有	居留类型：夏候鸟

描述

又名普通楼燕、北京楼燕，体小，体长 16 ~ 19 cm。通体黑色，飞行时狭长的两翼弯曲如镰刀。喉白色，头胸间有明显色差带，腹部有鳞状斑纹。雌雄同型。

分布

见于中国东北、华北和西北地区。

习性

适应于荒原、草原以及城市，野外多在崖壁上营巢，城市中营巢于古建筑，巢为泥质。晨昏、阴天和雨前最为活跃。

06

Part six

鹃形目

大杜鹃

学　名：*Cuculus canorus*

英文名：Common Cuckoo

保护级别：三有	居留类型：夏候鸟

描 述

俗名布谷鸟，中等体型，体长约 32 cm。通体青黑色，口腔上皮和舌呈红色。上体灰色，尾偏黑色，腹部较白而具黑色横斑。尾下覆羽亦具横斑。雌雄相近。幼鸟枕部有白色块斑。

分 布

国内广泛分布。

习 性

喜好生活于中低海拔的林地、农田或湿地树木间。常隐于树叶中鸣叫，偶尔站在树顶、电线等突出位置，鸣叫不止，鸣声“bu——gu”单调重复。取食鳞翅目幼虫，如“松毛虫”，亦多食甲虫、蜘蛛、螺类等，食量大，对消除害虫起相当作用。以巢寄生闻名，寄主有苇莺、麻雀、灰喜鹊、燕尾、伯劳、云雀、鹡鸰等。其腹部有横纹，拟态雀鹰等猛禽，常吓走寄主后偷偷将卵产于其巢内。所产的卵与寄主卵相似。其卵往往孵化较寄主卵块，幼鸟体大，背部接触其他寄主卵或幼鸟会将它们推出巢外，最终由大杜鹃幼鸟独享亲鸟的养育。

中杜鹃

学　名：*Cuculus saturatus*

英文名：Himalayan Cuckoo

保护级别：三有	居留类型：夏候鸟

描 述

体型略小，体长约 26 cm。腹部及两肋多数有宽的横斑，胸和上体为灰色，尾纯黑灰色无斑，下体黄色有黑色横斑。

分 布

分布于中国大陆东部、南部地区。

习 性

主要栖息于较茂密的山林，春季繁殖期叫声较为频繁。

07

Part seven

鹤形目

灰鹤

学　名：*Grus grus*

英文名：Common Crane

保护级别：国家二级	居留类型：冬候鸟

描述

体长 100 ~ 130 cm。整体羽毛大部分是灰色，头顶有一小片裸露的红色皮肤，从头部至颈部呈灰黑或黑色，有一条从眼后延伸到颈背的宽白色条纹，背部及三级飞羽略沾褐色。

分布

繁殖于中国的东北及西北，冬季南移至中国南部。

习性

栖息于开阔平原、沼泽、河滩、旷野、湖泊以及农田地带。通常 5 ~ 10 只的小群活动，迁徙期会结大群。

黑水鸡

学　名：*Gallinula chloropus*
英文名：Common Moorhen

保护级别：三有	居留类型：留鸟

描述

又名红骨顶，体型中等，体长 24 ~ 35 cm。眼睛暗红色，全身黑色，两胁有宽阔白色条纹，尾下两侧有两块白斑，中央黑色。

分布

国内广泛分布。

习性

栖息于湖泊、池塘及运河。栖水性强。也取食于开阔草地。

白骨顶

学　名：*Fulica atra*

英文名：Common Coot

保护级别：三有	居留类型：留鸟

描 述

又名骨顶鸡，体长约 40 cm。全身黑色，仅喙和额甲为白色，飞行时可见翼上边缘为白色。

分 布

国内广泛分布。

习 性

栖息于低山、丘陵、平原草地、荒漠与半荒漠地带的各类水域中。除繁殖期外，常成群活动。

小田鸡

学　名：*Zapornia pusilla*

英文名：Baillon's Crake

保护级别：三有	居留类型：夏候鸟

描 述

体型纤小，约 18 cm。成鸟喙暗绿色，眼红色，有一道棕色下弯的过眼纹。雄鸟头顶及上体红褐色，具黑白色纵纹；胸和脸灰色。雌鸟色暗，耳羽褐色。幼鸟颏偏白，上体具圆圈状白色点斑。

分 布

国内广泛分布。

习 性

栖息于林缘溪流、密集的湖泊、沼泽等湿地环境中，能够快速轻巧地穿行于芦苇中。

普通秧鸡

学　名：*Rallus indicus*

英文名：Eastern Water Rail

保护级别：三有	居留类型：旅鸟

描 述

体长 25 ~ 30 cm。喙暗红色，喙峰黑色，有明显过眼纹。上体褐色，有黑色纵纹，头顶褐色有斑纹，脸灰色，前颈和胸部灰色；下体褐色，两胁有白斑。

分 布

国内广泛分布。

习 性

栖息于沼泽湿地或河湖岸边近水草丛中。

08

Part eight

鹳形目

黑鹳

学　名：*Ciconia nigra*

英文名：Black Stork

保护级别：国家一级	居留类型：夏候鸟

描述

体长 100 ~ 120 cm。眼褐色或黑色，喙红色且粗，眼周、脚均为红色。头、颈、上体、上胸黑色，具金属光泽。下胸、腹部、两胁、尾下为白色。雌鸟体羽金属光泽较雄鸟稍暗。

分布

在中国除青藏高原外均有分布。

习性

栖息于河流沿岸、池塘、湖泊、沼泽山区溪流附近。冬季有时结小群活动。

09

Part nine

鹈形目

白琵鹭

学　名：*Platalea leucorodia*

英文名：Eurasian Spoonbill

保护级别：国家二级　　**居留类型：旅鸟**

描 述

体长约 84 cm。全身白色，喙灰色呈琵琶形，喙前端黄色，头部裸出部位呈黄色，眼先黑色，脚黑色。前颈下部有橙黄色环带。

分 布

数量较少，在中国各地均有分布。

习 性

常成群活动，偶见单只活动。栖息于开阔平原和山地丘陵地区的河流、湖泊、水库岸边及浅水处；也栖息于沼泽湿地、红树林等生境。

卷羽鹈鹕

学　名：*Pelecanus crispus*

英文名：Dalmatian Pelican

保护级别：国家一级	居留类型：旅鸟

描 述

体长 160 ~ 180 cm。下颌上有一个橘黄色或淡黄色的大型皮囊。体羽灰白，颈背具卷曲的冠羽。额上羽毛呈月牙形线条。翼下白色，仅飞羽羽尖黑色，翅膀宽大，尾羽短而宽。

分 布

见于中国北方，冬季迁至南方，少量个体定期在香港越冬。

习 性

栖息于湖泊、河流、水库、河口等水域。卷羽鹈鹕常成群活动，喜游泳，主要以鱼类、甲壳类、软体动物、两栖动物等为食。

苍鹭

学　名：*Ardea cinerea*

英文名：Gray Heron

保护级别：三有	居留类型：留鸟

描述

又名长脖老等，体长 90 ~ 98 cm。全身青灰色，喙黄色，眼先裸皮黄绿色。繁殖期头侧、枕部和两条冠羽呈黑色；肩羽亦较长，头侧和颈部灰白；颈部羽毛长如矛状，中央有一黑色纵纹延伸至胸部。

分布

分布于中国全境包括台湾的适宜生态环境。冬季北方鸟南下至华南及华中。

习性

性孤僻，在浅水中捕食。冬季有时成大群。飞行时翼显沉重。飞行时颈部缩成“S”形。筑巢于高大乔木或岸边崖壁上。

白鹭

学　名：*Egretta garzetta*

英文名：Little Egret

保护级别：三有	居留类型：留鸟

描述

又名小白鹭，体型中等，体长 52 ~ 68 cm。眼先黄绿色，喙黑色，通体白色。繁殖期枕部着生两条狭长而软的矛状羽。背和前颈有蓑羽。非繁殖期全身白色，无饰羽。

分布

中国除西藏外均有分布。

习性

喜集群，常呈小群活动于水边浅水处。集群筑巢于高大乔木上。

大白鹭

学　名：*Ardea alba*

英文名：Great Egret

保护级别：三有	居留类型：留鸟

描 述

体长 82 ~ 100 cm。颈、脚较长，雌雄相似，无明显差异，全身洁白，繁殖期背和前颈下部有长蓑羽。喙黑色，喙裂延至眼后，眼先蓝绿色。非繁殖期无蓑羽，喙和眼先黄色。

分 布

中国除青藏高原外几乎均有分布。

习 性

常单只或小群活动，主要以鱼、甲壳动物和昆虫为食，偶尔也会捕食鼠类。营巢于高大乔木或苇丛中。

中白鹭

学　名：*Ardea intermedia*

英文名：Intermediate Egret

保护级别：三有	居留类型：迷鸟

描述

体长 56 ~ 72 cm。成鸟繁殖期喙黑色，眼先绿色或黄绿色，全身羽毛白色，背和前颈下部有丝状蓑羽。非繁殖期喙黄而先端黑色，眼先黄色，无蓑羽。

分布

国内主要分布于秦岭—淮河以南，也见于华北地区。

习性

常单独或成对或成小群，有时和其他鹭混群。以水中生物为食，主要包括鱼、虾、蛙、蝗虫等水生和陆生昆虫。在树上营巢。

夜鹭

学　名：*Nycticorax nycticorax*

英文名：Black-crowned Night-heron

保护级别：三有	居留类型：夏候鸟

描述

体长 46 ~ 60 cm。雌雄相似。喙黑色，体型胖粗，颈较短，头顶至背蓝灰色，眼先黄绿色，颊、颈侧、胸和两胁淡灰色，余下羽毛呈灰白色。繁殖期枕部有格外醒目的 2 ~ 3 枚长带状白色饰羽。

分布

国内广泛分布。

习性

喜欢夜间结小群出行，白天结群隐藏于密林中僻静处，主要以鱼、蛙、虾、水生昆虫为食，成群筑巢于高大乔木上。

池鹭

学　名：*Ardeola bacchus*

英文名：Chinese Pond Heron

保护级别：三有	居留类型：夏候鸟

描述

体长约 47 cm。繁殖期喙黄色，尖端黑色，有显著的冠羽，具蓑羽并向后伸达尾羽末端，前颈有一条白线，背部羽毛较长，蓝黑色。飞翔时白翅白尾和黑色背非常明显。非繁殖期头、颈到胸部白色，有暗黄褐色纵纹，背暗褐色。

分布

广泛分布于中国华北至长江以南地区。

习性

栖于稻田或其他漫水地带，单独或成分散小群进食，主食包括鱼、虾、螺、蛙、泥鳅、水生昆虫、蝗虫等，兼食少量植物性食物。

草鹭

学　名：*Ardea purpurea*

英文名：Purple Heron

保护级别：三有	居留类型：夏候鸟

描 述

体长 78 ~ 97 cm。雌雄相似。喙黄褐色，头顶蓝黑色，枕部具 2 条黑色辫状冠羽。颈棕色，细长，颈侧具黑色纵纹。背及覆羽灰色，飞羽黑，其余体羽红褐色。

分 布

在中国除新疆、西藏和青海外各省（区）均有分布。

习 性

栖息于稻田、芦苇地、湖泊及溪流。性孤僻，常在白天捕食小鱼、蛙、甲壳类、蜥蜴、蝗虫等。

牛背鹭

学　名：*Bubulcus coromandus*

英文名：Cattle Egret

保护级别：三有	居留类型：夏候鸟

描 述

体长 46～55 cm。繁殖羽头、颈、背等呈浅黄色，非繁殖羽几乎全白色。与其他鹭相比体型较粗壮，颈短、头圆、喙短厚。

分 布

国内除西北部均有分布。

习 性

栖息于低山、平原的稻田、牧场及沼泽地。常小群活动，喜欢站在牛背上或跟随在耕田的牛，以鱼、虾、两栖类及昆虫为食。

大麻鸦

学　名：*Botaurus stellaris*

英文名：Eurasian Bittern

保护级别：三有	居留类型：旅鸟

描述

体长 59 ~ 77 cm。雌雄相似。顶冠黑色，头侧金色，背黄褐色，有粗重的黑褐色斑点。身较较粗胖，喙粗而尖；颈、脚较粗短。

分布

国内除青藏高原外广泛分布。

习性

栖息于河流，湖泊和芦苇丛中，喜黄昏和晚上活动，主要以鱼、虾、蛙、水生昆虫等为食。

黄斑苇鳽

学　名：*Ixobrychus sinensis*
英文名：Yellow Bittern

保护级别：三有	居留类型：夏候鸟

描 述

体长 30 ~ 37 cm。雄鸟头顶、枕部和冠羽呈黑色，有时会夹杂灰白色纵纹，头侧、后颈和颈侧棕黄白色。雌鸟与雄鸟相似，但头顶为栗褐色，有黑色纵纹。

分 布

分布于中国中、东部地区。

习 性

栖息于平原和低山丘陵地带有开阔明水面的苇丛中，常单独或成对在清晨和傍晚活动。主要以小鱼、虾、水生昆虫等为食。

10

Part ten

鲣鸟目

普通鸬鹚

学　名：*Phalacrocorax carbo*

英文名：Great Cormorant

保护级别：三有	居留类型：留鸟

描 述

又名鱼鹰，体型较大，体长 79 ~ 92 cm。喙为黑色，前端呈钩状。全身黑色，脸颊及喉白色。成鸟繁殖羽头颈有白色丝状羽，两胁有白斑。

分 布

国内广泛分布。

习 性

常及大群，栖息于湖边、河岸或沼泽地的树上。善潜水捕鱼。因为其尾脂腺较不发达，常上岸展翅晾晒羽毛。

11

Part eleven

鸻形目

黑翅长脚鹬

学　名：*Himantopus himantopus*

英文名：Black-winged Stilt

保护级别：三有	居留类型：夏候鸟

描 述

又名红腿娘子，体型小，体态高挑、修长，体长 29 ~ 41 cm。喙黑色而细长，头顶、背部和翅为黑色，腿红色，其他部位为白色。雌鸟似雄鸟，但上体羽色较淡。

分 布

国内广泛分布。

习 性

常单独或成对活动，栖息于开阔平原上的湖泊岸边、浅水河滩。

反嘴鹬

学　名：*Recurvirostra avosetta*
英文名：Pied Avocet

保护级别：三有	居留类型：夏候鸟

描 述

体长 42 ~ 45 cm。眼褐色，脚蓝灰色，头顶至后颈黑色，颈前至胸、腹部和肩部为白色，翼黑白相间。翅和肩有黑色条纹，飞行时从下面看体羽全白，仅翼尖黑色。喙黑色，细长而上翘。

分 布

国内广泛分布。繁殖于东北亚、中国的华东及华中地区。

习 性

常单独或成对活动，栖息于开阔平原上的湖泊岸边、浅水河滩。

环颈鸻

学　名：*Charadrius alexandrinus*

英文名：Kentish Plover

保护级别：三有	居留类型：夏候鸟

描述

体长约 15 cm。喙黑色且短的褐色及白色鸻，腿黑色，有黑色过眼纹，具白色领环。飞行时白色翼上有横纹，尾羽外侧为白色。雄鸟胸侧有黑色块斑，雌鸟这一斑块为褐色。

分布

国内广泛分布。

习性

单独或成小群活动。栖息于海滨沙滩、近海岸的多沙草地、沿海河流及沼泽地。

金眶鸻

学　名：*Charadrius dubius*

英文名：Little Ringed Plover

保护级别：三有	居留类型：夏候鸟

描 述

体长约 16 cm。喙黑色且短，金色眼眶，有黑或褐色的全胸带，腿黄色。

分 布

国内广泛分布。

习 性

栖息于沿海溪流及河流的沙洲，也见于沼泽地带及沿海滩涂，有时见于内陆。以昆虫为主食，兼食植物种子、蠕虫等。

凤头麦鸡

学　名：*Vanellus vanellus*
英文名：Northern Lapwing

保护级别：三有	居留类型：夏候鸟

描述

体长约 30 cm。头顶黑色，有黑色反曲的长型羽冠，胸以及上体黑紫色且具金属光泽，下体白色。飞羽黑色翼尖白色，尾羽白色，有宽的黑色斑。

分布

在中国广泛分布，繁殖于中国北方大部分地区。

习性

常成群活动，栖息于低山丘陵、山脚平原和草原地带的湖泊、水塘、沼泽、溪流和农田地带。

灰头麦鸡

学　名：*Vanellus cinereus*

英文名：Gray-headed Lapwing

保护级别：三有	居留类型：旅鸟

描述

体长约 35 cm。黑、白及灰色麦鸡。喙黄色，尖端黑色，头、颈、前胸灰色，胸下部有一条黑色横带，上体淡褐色，腹部白色，脚黄色。

分布

分布于中国华北、华南等地。

习性

常成对或成小群活动。栖息于近水的开阔地带、河滩、稻田及沼泽。以蚯蚓、昆虫、螺类等为食。

矶鹬

学　名：*Actitis hypoleucos*

英文名：Common Sandpiper

保护级别：三有	居留类型：旅鸟

描 述

体长约 20 cm。喙暗褐色，脚淡黄褐色。有白色眉纹和黑褐色贯眼纹。上体褐色，下体白色，胸侧有褐灰色斑块，脚灰绿色。

分 布

繁殖于中国西北及东北，冬季南迁。

习 性

栖息于沿海滩涂、山地稻田及溪流、河流两岸。以昆虫、螺类、蠕虫等为食。行走时头会不停点动，具两翼僵直滑翔的特殊姿势。

林鹬

学　名：*Tringa glareola*

英文名：Wood Sandpiper

保护级别：三有　　居留类型：旅鸟

描述

体长约 20 cm。喙先端黑色，基部黄绿色，头部白色眉纹从喙基延伸到耳后，有黑褐色贯眼纹，胸部有黑褐色纵纹。上体黑褐色，有白色、黄褐色碎斑点，下体白色，腰和尾白色，尾有黑褐色横斑，脚黄褐色。

分布

繁殖于黑龙江及内蒙古东部，迁徙时常见于中国全境。

习性

栖息于沼泽、湖泊、水塘、溪流岸边，以及有稀疏矮树或灌丛的平原水域和沼泽地带。以昆虫、甲壳类和软体动物为食。通常结小群可多达 20 只，有时与其他涉禽混群。

泽鹬

学　名：*Tringa stagnatilis*
英文名：Marsh Sandpiper

保护级别：三有	居留类型：旅鸟

描述

体长约 23 cm。喙黑而直，腿长且偏绿色。两翼及尾部近黑色，眉纹较浅。上体灰褐色，腰及下背部白色，下体白色。较青脚鹬体型较小。

分布

较常见。在内蒙古东北部繁殖，迁徙时经过华东沿海、海南及台湾，偶尔经过中国中部。

习性

栖息于湖泊、盐田、沼泽地、池塘，偶尔到沿海滩涂。通常单只或两三成群，但冬季可结成大群。

红脚鹬

学　名：*Tringa totanus*

英文名：Common Redshank

保护级别：三有	居留类型：夏候鸟

描述

体长约 28 cm。腿橙红色，喙基部为红色，尖端黑色。上体褐灰色，下体白色，胸有褐色纵纹。飞行时腰部白色明显，翅上有宽阔的白色外缘。尾白色，有黑褐色横斑。

分布

国内广泛分布，繁殖期喜植被丰富的湿地。

习性

栖息于泥岸、海滩、盐田、沼泽及鱼塘、近海稻田。以鱼、虾、水生昆虫为食。

青脚鹬

学　名：*Tringa nebularia*

英文名：Common Greenshank

保护级别：三有	居留类型：旅鸟

描述

体长约 32 cm。喙灰色，长且粗略向上翻。体灰色，腿淡绿色。上体灰褐色有杂色斑纹，翼尖及尾部有黑色横斑。下体白色，喉、胸及两胁有褐色纵纹。背部的白色长条在飞行时非常明显。翼下有深色细纹，尾端有黑色细斑。

分布

常见的冬候鸟，迁徙时可见于中国大部分地区。

习性

通常单独或两三成群。栖息于沿海和内陆的沼泽地带及大河流的泥滩。

中杓鹬

学　名：*Numenius phaeopus*

英文名：Whimbrel

保护级别：三有	居留类型：冬候鸟

描述

体长约 43 cm。体褐色，有白色斑点，眉纹色浅，有黑色顶纹，胸部有褐色斑纹。喙长而下弯。

分布

迁徙时常见于中国大部分地区。

习性

栖息于沼泽、苔原、浅滩、沿海草地等。以环节动物、甲壳类、小鱼、昆虫等为食。通常结小群或与其他种类混群。

白腰杓鹬

学　名：*Numenius arquata*

英文名：Eurasian Curlew

保护级别：国家二级	居留类型：冬候鸟

描 述

体长约 63 cm。飞羽为黑褐色与淡褐色相间的横斑，下背、腰及尾上为白色。尾羽白色，有黑褐色细横纹，腹、胁部白色，有黑褐色斑点，下腹及尾下为白色。

分 布

分布于中国的华北和华南等地。

习 性

栖息于水边沼泽地带，湿地草甸和水稻田边。以软体动物、甲壳类、昆虫、小鱼、植物种子为食。

白腰草鹬

学　名：*Tringa ochropus*

英文名：Green Sandpiper

保护级别：三有	居留类型：冬候鸟

描 述

体长约 23 cm。喙黑色，基部暗绿色，喙基至眼先有白色短眉纹，胸部有褐色纵纹。上体黑褐色，有白色斑点，腰和尾白色，尾具黑色横斑，下体白色。

分 布

分布于中国华北、华南等地。

习 性

常单独或成对活动。栖息于山地或平原森林中的湖泊、河流、沼泽、水塘附近。

黑尾塍鹬

学　名：*Limosa limosa*

英文名：Black-tailed Godwit

保护级别：三有　　居留类型：旅鸟

描述

体长约 42 cm。喙黑色，基部淡橙红色。繁殖期头、颈、上胸栗棕色，尾白色，尾端有宽黑斑。翼上有明显白色横斑。

分布

大群的迁徙鸟经过中国的大部分地区，少量个体于南方沿海及台湾越冬。

习性

栖息于沿海泥滩、河流两岸及湖泊，喜淤泥，以昆虫、甲壳类和软体动物为食。

针尾沙锥

学　名：*Gallinago stenura*

英文名：Pintail Snipe

保护级别：三有	居留类型：旅鸟

描 述

体长约 24 cm。上体淡褐色，有白、黄、黑色的纵纹及虫状斑纹；下体白色，胸部赤褐色而且多有黑色细斑，眼睛褐色，喙褐色，喙端深色。

分 布

为中国境内的常见过境迁徙鸟。

习 性

常结小群，栖息于沼泽、稻田、草地，以昆虫、甲壳类和软体动物为食。

丘鹬

学　名：*Scolopax rusticola*

英文名：Eurasian Woodcock

保护级别：三有	居留类型：旅鸟

描述

体长 32 ~ 42 cm。雌雄同色，羽色似沙锥，体型较沙锥大。成鸟喙较长且呈黄褐色，喙端黑色，头、颈及上体黄褐色，头顶及颈背具斑纹，有黑色的贯眼纹。颏、喉白色或淡皮黄色。

分布

国内除青藏高原外广泛分布。

习性

多单只或成对活动，行为隐蔽，是夜行性的森林鸟。

红嘴鸥

学　名：*Chroicocephalus ridibundus*

英文名：Black-headed Gull

保护级别：三有	居留类型：旅鸟

描 述

体长约 40 cm。背浅灰色，身体大部分的羽毛为白色，虹膜褐色，喙、脚均为暗红色。头部夏季呈褐色，冬季变为白色，冬季眼后具黑色点斑，下体白色，尾羽黑色。

分 布

中国的西南、东北、东南沿海地区。

习 性

常集群活动。栖息于沿海、内陆河流、湖泊。以鱼虾、昆虫为食。在有些城镇较为温驯，人们常给它们投食，但应当杜绝给野生动物的投食行为。

西伯利亚银鸥

学　名：*Larus vegae*
英文名：Vega Gull

保护级别：三有　　居留类型：冬候鸟

描述

体长约 62 cm。喙黄色，下喙前端有红点，腿粉红色。上背部灰色，翼端黑色，下体白色。头、颈和上胸白色，掺杂褐色。

分布

分布于中国北部、东部、南部及台湾地区。

习性

群居性鸟类，常几十只或成百只一起活动，冬季常出现在港口、多岩石的海岸和河口。以动物性食物为主，包括鱼、虾等和陆地上的蝗虫、螽斯及鼠类等。

渔鸥

学　名：*Ichthyaetus ichthyaetus*

英文名：Pallas's Gull

保护级别：三有	居留类型：冬候鸟

描述

体长约 68 cm。背灰色，头黑色，喙黄色，上下眼睑均为白色。背、肩、翅淡灰色，肩部羽毛尖端为白色。飞行时翼下全白，仅翼尖有小块黑色。

分布

繁殖于青海东部及内蒙古西部，迁徙经过多个地区。

习性

常单独或小群活动。栖息于三角洲沙滩、内地海域、干旱平原湖泊。主要以鱼为食，也吃鸟卵、蜥蜴、昆虫等。

棕头鸥

学　名：*Chroicocephalus brunnicephalus*

英文名：Brown-headed Gull

保护级别：三有	居留类型：迷鸟

描 述

体长约 42 cm。眼睛为淡黄或灰色，眼周裸皮红色，喙深红色，脚朱红色。背为灰色，翅有大块白斑，翼尖黑色有白色斑点。

分 布

分布于中国北部及西南部，繁殖在西藏中部及青海。

习 性

与其他鸥混群，栖息于湖泊、沼泽、草原湿地及环水的岛屿上。主食鱼及水生软体动物。

黄腿银鸥

学　名：*Larus cachinnans*

英文名：Caspian Gull

保护级别：三有　　居留类型：冬候鸟

描述

体长约 60 cm。繁殖期头部纯白色，喙黄色。上体浅灰至中灰色，腿黄色。冬季鸟的头和颈背无褐色纵纹。

分布

分布于中国北方。

习性

松散的群居性鸟类，常几十只或成百只一起活动。栖息于沿海、内陆水域。

灰翅浮鸥

学　名：*Chlidonias hybrida*

英文名：Whiskered Tern

保护级别：三有	居留类型：夏候鸟

描 述

又名须浮鸥，体型较小，体长约25 cm。繁殖期头、额、顶、枕部、后颈均为黑色，喙、脚均为暗红色，头侧部、眼下部分为白色，背部、翅灰色，下体黑色。非繁殖期额白色，顶、枕部密布黑色纵纹，远看近似黑色。

分 布

分布于中国东部、南部地区。

习 性

栖息于开放的湖泊、沼泽等湿地环境中。食性为肉食性，主要食物来源为水生动物。

普通燕鸥

学　名：*Sterna hirundo*

英文名：Common Tern

保护级别：三有	居留类型：夏候鸟

描述

体长约 35 cm。头顶黑色，胸灰色。繁殖期额、顶、枕部至后颈均为黑色，背部、翅灰色，下体白色或浅灰色。非繁殖期额白色。尾羽白色呈深叉形。喙较长而尖锐，红色或黑色。

分布

国内广泛分布。

习性

常呈小群活动。栖息于平原、草地、荒漠中的湖泊、河流、水塘和沼泽地带，也出现于河口、海岸和沿海、沼泽与水塘。

白额燕鸥

学　名：*Sterna albifrons*

英文名：Little Tern

保护级别：三有	居留类型：夏候鸟

描述

体长约 24 cm。头顶和枕部为黑色，额白色，有宽阔黑色的过眼纹。背、翅灰色，最外侧飞羽黑色，下体白色。成鸟繁殖期喙黄色，端部黑色，非繁殖期喙黑色。

分布

国内广泛分布于西北和东部地区。

习性

常成群活动。栖息于内陆湖泊、河流、岛屿等。主要以小鱼、甲壳类、软体动物、昆虫为食。常悬停于空中，发现猎物后迅速俯冲向下。

鸥嘴噪鸥

学　名：*Gelochelidon nilotica*

英文名：Common Gull-billed Tern

保护级别：三有	居留类型：旅鸟

描述

体长约 39 cm。喙黑色，脚黑色，成鸟冬季下体为白色，上体灰色，头白色，颈背有灰色杂斑，眼周黑色。夏季头顶全黑。

分布

分布于东部、南部沿海地区和西北地区，见于内陆各种湿地及沿海湿地和河口。

习性

常单独或小群活动。栖息于内陆淡水或咸水湖泊、河流、沼泽地带。

12

Part twelve

鸮形目

长耳鸮

学　名：*Asio otus*

英文名：Long-eared Owl

保护级别：国家二级	居留类型：留鸟

描 述

体长 35 ~ 40 cm。上体以棕褐色为基色具黑色棕斑，下体色较浅，以黄褐色为基色，具较细弱的黑色纵斑，面盘是鸮类面部一圈特殊的羽毛，非常紧密地排布在一起呈一个平面，形成貌似猫脸的结构。

分 布

分布于中国北方常见的留鸟和季节性候鸟。

习 性

喜栖息在阔叶或针叶乔木的高枝上，以各种鼠类为主，还包括小型鸟类。

雕鸮

学　名：*Bubo bubo*

英文名：Northern Eagle Owl

保护级别：国家二级	居留类型：留鸟

描述

体长 55 ~ 71 cm。体羽以棕褐色为基调，上背和翅上的羽毛具大块黑斑，具面盘和耳羽但面盘的边界不明显，耳羽长，呈簇状并向水平方向伸展。眼大呈橘黄色。

分布

国内广泛分布。

习性

栖息在山中林间，裸露的岩石或悬崖上，晚上才外出活动，常单独捕食，以各种鼠类为主要食物。

13

Part thirteen

鹰形目

白尾海雕

学　名：*Haliaeetus albicilla*
英文名：White-tailed Sea Eagle

保护级别：国家一级	居留类型：冬候鸟

描 述

体长约 85 cm。喙黄色，厚且粗壮，上体褐色，头部、颈部淡褐色，尾部白色，尾短而中央尾羽外凸成楔形。成年的白尾海雕除了较浅色的头部和颈部、白色的尾部、黄色的喙和脚外，基本上全身的主要颜色为棕色。未成年鸟尾羽杂以褐色和白色斑。

分 布

国内主要在东北繁殖，越冬于华北、中部和南方地区。

习 性

栖息于湖泊、河流、海岸、岛屿及河口地区，单独或成对在白天活动，主要以鱼为食，也吃腐肉和动物尸体。

白腹鹞

学　名：*Circus spilonotus*

英文名：Eastern Marsh Harrier

保护级别：国家二级	居留类型：冬候鸟

描述

体长 43 ~ 54 cm。成年雄鸟头、颈、胸及上体大致为黑白相间，翼上覆羽大致为黑色，有黑色斑点，外侧初级飞羽黑色，其余飞羽为灰白色，尾上覆羽白色，尾羽银灰色，下体大致为白色，下胸具黑色纵纹。雌鸟及幼鸟头及上体黑褐色，具疏密不等的白色纵纹，尾羽褐色，有不清晰的黑色横斑，下体红棕色。

分布

国内繁殖于东北，越冬于东南。

习性

常单独或成对活动，多见在沼泽和芦苇上空低空缓慢飞行，营巢于浓密的苇丛中。

白尾鹞

学　名：*Circus cyaneus*

英文名：Hen Harrier

保护级别：国家二级	居留类型：冬候鸟

描 述

体长 41 ~ 53 cm。雄鸟身体上部呈蓝灰色、头顶具有褐色斑块，后颈中间具一白色斑块，末端褐色，羽缘稍沾棕的杂色大块斑，尾上覆羽白色，腹部白色。雌鸟整体褐色，后颈块斑似雄鸟，腹部白有褐色纵纹，尾上覆羽白色。

分 布

国内繁殖于东北、西北，迁徙时过境于大部分地区。

习 性

栖息于平原和低山丘陵地带，白天活动和觅食，主要以小型鸟类、鼠类、和大型昆虫等为食。

大鵟

学　名：*Buteo hemilasius*

英文名：Upland Buzzard

保护级别：国家二级	居留类型：留鸟

描述

体长 57 ~ 71 cm。体色变化较大，分暗型、淡型两种色型。暗型上体暗褐色，头和颈部羽色稍淡，下体淡棕色，具暗色羽干纹及横纹。淡型头顶、后颈为纯白色，具暗色羽干纹。飞羽的斑纹与暗型的相似，但羽色较暗型为淡。下体白色淡棕，胸侧、下腹及两胁具褐色斑，尾下腹羽白色，覆腿羽暗褐色。

分布

国内除东南部外，均有分布。

习性

栖息于山地、山脚平原和草原等地区，常在白天以单独或小群活动，主要以啮齿动物，蛙、蜥蜴、野兔、昆虫为食。

普通鵟

学　名：*Buteo japonicus*

英文名：Eastern Buzzard

保护级别：国家二级	居留类型：留鸟

描 述

体长 42 ~ 54 cm。上体深红褐色；脸侧皮黄具近红色细纹；下体主要为暗褐色或淡褐色，具深棕色横斑或纵纹，尾羽为淡灰褐色。

分 布

国内广泛分布。

习 性

栖息于山地森林和林缘地带，多单独活动。以鼠类为食，食量甚大。

苍鹰

学　名：*Accipiter gentilis*

英文名：Northern Goshawk

保护级别：国家二级	居留类型：留鸟

描 述

体长 49 ~ 57 cm。成鸟白色眉纹显著，头、上体及两翼深灰色，下体污白色，具有白细密的深色横纹。未成年鸟上体褐色，腹部淡黄，有深褐色纵纹。

分 布

广泛分布于中国，为常见森林鸟类。

习 性

栖息于疏林、林缘和灌丛地带，常常集体行动，主要捕捉其他细小的鸟类及哺乳动物为食。

金雕

学　名：*Aquila chrysaetos*

英文名：Golden Eagle

保护级别：国家一级　　居留类型：留鸟

描 述

体长 76 ~ 102 cm。雌雄同色，喙灰色，体羽深褐色，头顶羽色为金褐，下体黑褐色，肩部较淡，背肩部微缀紫色光泽。未成年个体可见初级飞羽基部和尾羽基部为白色。

分 布

国内广泛分布。

习 性

一般生活于多山或丘陵地区，通常单独或成对活动，捕食范围广，包括雁鸭类、雉鸡类、狍子等，有时也吃鼠类等小型兽类。

黑鸢

学　名：*Milvus migrans*

英文名：Black Kite

保护级别：国家二级	居留类型：留鸟

描述

体长 58 ~ 69 cm。上体暗褐色，下体棕褐色，均具黑褐色羽干纹，尾较长，呈叉状，具宽度相等的黑色和褐色相间排列的横斑，飞翔时翼下左右各有一块大的白斑。

分布

国内广泛分布。

习性

栖息于开阔平原、草地、荒原和低山丘陵地带，常单独在白天高空盘旋，黄昏时有群集的习性，食物包括活体动物与腐肉，主要为小型鸟类、啮齿动物与鱼类。

雀鹰

学　名：*Accipiter nisus*

英文名：Eurasian Sparrow Hawk

保护级别：国家二级	居留类型：留鸟

描述

体长 32 ~ 43 cm。上体大部分为灰褐色，下体白色且缀有棕褐色横斑；雄鸟较小，上体为较深的灰色，下体的斑纹也较深较细，具有清晰的白色眉纹。

分布

国内广泛分布。

习性

一般栖息于山林和开阔的林地，具有日行性，常单独活动，捕食雀形目小鸟、昆虫及鼠类为食。

鹗

学　名：*Pandion haliaetus*

英文名：Osprey

保护级别：国家二级　居留类型：留鸟

描 述

体长约 60 cm。喙黑色，头白色，顶上有黑褐色细纵斑，背部大致暗褐色，尾羽有黑褐色横斑，腹部为白色，胸部有赤褐色的纵斑。

分 布

国内广泛分布。

习 性

一般栖息于水库、河川、鱼塘、海边等水域环境，主要以鱼类为食。

14

Part fourteen

犀鸟目

戴胜

学　名：*Upupa epops*

英文名：Eurasian Hoopoe

保护级别：三有	居留类型：留鸟

描 述

体长 27 ~ 31 cm。中等体型，色彩鲜明，头、颈、胸淡棕栗色。头具狭形羽所成的羽冠，以后部的冠羽最长，羽冠色略深且各羽具黑端，在后面的羽黑端前更具白斑。

分 布

国内广泛分布。

习 性

栖息于山地、平原、耕地、森林等开阔地方，多单独或成对活动，以昆虫为主要食物。

15

Part fifteen

佛法僧目

普通翠鸟

学　名：*Alcedo atthis*

英文名：Common Kingfisher

保护级别：三有	居留类型：留鸟

描 述

体长 15 ~ 18 cm。雄鸟前额、头顶、枕和后颈黑绿色，前额侧部、颊、眼后和耳覆羽栗棕红色，耳后有一白色斑。雌鸟上体羽色较雄鸟稍淡，多蓝色，少绿色。头顶不为绿褐色而呈灰蓝色。

分 布

分布广泛，除中国西北部分地区外，可见于其他各省。

习 性

栖息于有灌丛或疏林、湖泊以及灌溉渠等水域，常单独活动，主要以鱼类为食。

16

Part sixteen

啄木鸟目

大斑啄木鸟

学　名：*Dendrocopos major*

英文名：Great Spotted Woodpecker

保护级别：三有	居留类型：留鸟

描 述

体长 20 ~ 25 cm。雄性额部、颊部、耳羽白色或淡褐色，头顶、后颈和上背、下背尾上覆羽均为黑色，脑后枕部有一块醒目的红色斑块，飞羽黑色具白色斑点。雌性与雄性相近，差别为不具有枕部的红色斑块。

分 布

国内广泛分布。

习 性

常见于森林树丛间，常单独或成对活动，繁殖后期则成松散的家族群活动，主要以甲虫、小蠹虫、蝗虫等各种昆虫为食。

17

Part seventeen

隼形目

隼形目
隼科

猎隼

学　名：*Falco cherrug*

英文名：Saker Falcon

保护级别：国家一级	居留类型：夏候鸟

描 述

体长 42 ~ 60 cm。胸部厚实，颈背偏白，头顶浅褐。眼下方具不明显黑色线条，眉纹白色。上体多褐色而略具横斑。未成年个体上体深褐色，下体布满黑色纵纹。

分 布

国内分布于西部、中部、东北及华北。

习 性

栖息在平原、干旱草原、荒漠和山地丘陵等，主要以中小型鸟类、野兔、鼠类等动物为食，有“兔虎”之称。

红隼

学　名：*Falco tinnunculus*

英文名：Common Kestrel

保护级别：国家二级　**居留类型：留鸟**

描 述

体长 30 ~ 36 cm。雄鸟头蓝灰色，背和翅上覆羽砖红色；雌鸟上体从头至尾棕红色。

分 布

国内广泛分布。

习 性

一般栖息于山地和旷野中，多单个或成对活动，飞行较高，以大型昆虫、鸟和小哺乳动物为食。

游隼

学　名：*Falco peregrinus*

英文名：Peregrine Falcon

保护级别：国家二级	居留类型：旅鸟

描述

体长 38 ~ 50 cm。头顶及脸颊黑色，有明显的黑色髭纹，身体上部深灰色，腹部、翅下覆羽近白色，有黑色横纹。未成年个体上体深灰色，胸腹皮黄，有深色纵纹。

分布

国内广泛分布。

习性

游隼主要栖息在草原、海岸、空旷地，多单独活动，主要捕食野鸭、燕子、鸽子。

黄爪隼

学　名：*Falco naumanni*

英文名：Lesser Kestrel

保护级别：国家二级	居留类型：夏候鸟

描述

体长约 30 cm。翅膀和尾巴相对较短。背部褐色，腹部有灰色条纹。雄性头顶、后颈、颈侧、头侧为淡蓝灰色，背部没有深色斑点，翅膀有灰色斑点，雌鸟前额为污白色。

分布

国内广泛分布于除沙漠腹地以外的几乎所有地域。

习性

栖息于开阔的荒山、旷野、河谷，以及丛林地带，性情活跃，多成对和成小群活动。主要以蝗虫、蚱蜢等大型昆虫为食，也吃啮齿动物、蛙、小型鸟类等脊椎动物。

灰背隼

学　名：*Falco columbarius*

英文名：Merlin

保护级别：国家二级	居留类型：留鸟

描述

体长 25 ~ 33 cm。成年雄鸟比雌鸟小很多。雄鸟身体上部呈灰蓝色，带有黑色细条纹。雌鸟羽毛呈棕色，上体棕色，下体缺乏红褐色。

分布

国内繁殖于东北和西北地区，越冬于中部及南部地区。

习性

栖息于开阔的低山丘陵、苔原、沼泽，主要以小型鸟类、鼠类和昆虫等为食，也吃蜥蜴、蛙和小型蛇类。

18

Part eighteen

雀形目

灰伯劳

学　名：*Lanius borealis*

英文名：Northern Shrike

保护级别：三有	居留类型：冬候鸟

描 述

体长约 24 cm。喙黑色，呈钩状。头顶、颈背、背及腰呈灰色，粗大的贯眼纹黑色，两翼黑色，初级飞羽基部白色，尾羽较长为黑色，外侧尾羽白色，下体灰白色。下体灰白色，颈侧、喉、胸、胁及腹羽均具细密的暗褐色鳞纹。

分 布

国内主要分布于北方。

习 性

栖息于从平原到山地的疏林或林间空地附近，其性凶猛，捕食昆虫、小型脊椎动物、小鸟、鼠、麻雀等。

楔尾伯劳

学　名：*Lanius sphenocercus*

英文名：Chinese Gray Shrike

保护级别：三有	居留类型：留鸟

描述

体长 25 ~ 32 cm。雄鸟额基白色，向后延伸为白色眉纹。额、头顶、枕、后颈、背直至尾上覆羽淡灰色。眼先、眼周和耳羽黑色，形成一条较宽的贯眼纹。下体白色，肩羽与背同色。雌体羽色似雄体，但黑羽染褐。

分布

国内主要分布于北部和东部。

习性

常单独或成对活动。主要栖息于低山、平原和丘陵地带的疏林和林缘灌丛草地，常单独或成对活动，主要以昆虫为食，也捕食小型脊椎动物。

红尾伯劳

学　名：*Lanius cristatus*

英文名：Brown Shrike

保护级别：三有	居留类型：夏候鸟

描 述

体长 17 ~ 21 cm。雄鸟头顶和枕部为灰色，眉纹白色，有宽阔的黑色贯眼纹。背部、两翼和尾羽为棕褐色。喉部为白色，胸腹部和腹部为皮黄色。雌鸟外观似雄鸟，但头部灰褐色。

分 布

国内广泛分布于东部及南部地区。

习 性

喜开阔耕地及次生林，包括庭院及人工林。单独栖于灌丛、电线及小树上，捕食飞行中的昆虫或猛扑地面上的昆虫和小动物。

荒漠伯劳

学　名：*Lanius isabellinus*

英文名：Isabelline Shrike

保护级别：三有	居留类型：夏候鸟

描 述

体长约 19 cm。雄鸟整个上体浅灰色，过眼纹黑色，眉纹白色，尾呈棕色，尾上覆羽棕黄，翼镜白色。雌鸟较雄鸟色暗，下体具黑色细小的鳞状斑纹。

分 布

常见于中国西北部。

习 性

常见于荒漠地区疏林地带及绿洲、村落附近，多栖息在枝头或电线上。在所食昆虫中，鞘翅目昆虫占 90% 以上。

喜鹊

学　名：*Pica pica*

英文名：Oriental Magpie

保护级别：三有	居留类型：留鸟

描 述

体长 37 ~ 50 cm。身体大体黑白分明，喙黑色。成鸟头、胸、颈、背至尾均为黑色，黑色的飞羽和尾羽具五彩金属光泽，尾下覆羽黑色，肩和腹部为白色。虹膜黑色，足黑色。

分 布

国内广泛分布。

习 性

适应各种生境，尤适应人居环境，但少见于较茂密的树林和附近完全无树的空旷地带。杂食的机会主义者，食性广泛。单独或集群活动，有社会性，会集体驱赶闯入领地的威胁，如猛禽、流浪猫。在高大树木或高压电塔上用树枝搭建巨大的球状巢，巢结构精致，有内外两层。

灰喜鹊

学　名：*Cyanopica cyanus*

英文名：Azure-winged Magpie

保护级别：三有	居留类型：留鸟

描 述

体长 32 ~ 42 cm。成鸟头顶、头侧、后枕为黑色，头具略带金属光泽的黑色，喉部至腹部为灰白色，飞羽和尾羽灰蓝色，中央尾羽末端白色。雌雄同型，没什么差异。

分 布

国内除青藏高原外广泛分布。

习 性

出没于平原区的各种环境中，也适应于人居环境，较少见于山林中。常集小群或大群活动，常与八哥、乌鸫和其他小型乌鸦类混群。多营巢于次生林和人工林中。

大嘴乌鸦

学　名：*Corvus macrorhynchos*

英文名：Large-billed Crow

保护级别：无	居留类型：留鸟

描 述

体长 44 ~ 54 cm。通体黑色而羽毛带有辉蓝色、绿色或紫色光泽，喙粗壮，喙峰显著，喙上缘和前额交界处有明显凸起。雌雄同型同色。

分 布

国内广泛分布。

习 性

多成小群活动，或与其他鸦类混群。多在树上或地上栖息，也栖于电柱上和屋脊上。大嘴乌鸦杂食性，主要以昆虫为食，也吃雏鸟、鸟卵、鼠类以及植物叶、芽、果实、种子和农作物种子等。鸣声单调、响亮而粗犷。

大山雀

学　名：*Parus minor*
英文名：Japanese Tit

保护级别：三有	居留类型：留鸟

描 述

又名远东山雀，体型小，体长 12 ~ 14 cm。成年大山雀头部整体黑色，两颊各有一个椭圆形大白斑，上背黄绿色，翼上有一道醒目的白色条纹。尾羽深蓝灰色，外侧尾羽白色，有一道粗黑色带沿胸中央而下，是该种辨识特征。

分 布

国内广泛分布。

习 性

单独或成小群活动于林下灌木间，也适应于陆地人为生态。偶尔也下地面捕捉昆虫。主要食肉。北方冬季缺乏食物时候，可能猎食比自己小甚至与自己体型相当的小鸟，并啄食其脑花，所以以“食脑狂魔”闻名。

凤头百灵

学　名：*Galerida cristata*

英文名：Crested Lark

保护级别：三有	居留类型：留鸟

描 述

体长约 18 cm。喙细且常，喙峰灰色，头顶冠羽长而窄，具黑褐色羽干纹，眼先、颊、眉纹棕白色，细窄的贯眼纹黑褐色，背部、腰部直到尾部沙褐色，胸部棕白色且具黑色纵纹，腹部白色，两胁沙棕色。

分 布

国内主要分布于北方至长江流域。

习 性

栖息于干燥平原、旷野、半荒漠、沙漠边缘等开阔地区，常单独或集松散的小群生活，繁殖期成对活动。主要以草籽、嫩芽等植物性食物为食，繁殖期则以各类昆虫为食。

山鹛

学　名：*Rhopophilus pekinensis*

英文名：Beijing Hill-warbler

保护级别：三有	居留类型：留鸟

描 述

体长 16 ~ 18 cm。喙浅灰色略向下弯，眉纹偏灰，髭纹近黑。头及上体沙褐色密布褐黑色纵纹，有褐黑色贯眼纹，喉及上胸白色，下体余部白色夹杂红褐色纵纹，两胁及腹部具醒目的栗色纵纹，有时沾黄褐，外侧尾羽羽缘白色。

分 布

见于东北南部，华北，甘肃，陕西南部及青海东部。

习 性

栖息于山区或近山平原的灌丛、矮树丛中，常集小群隐蔽于灌丛中。鸣声颇具特色。以食虫为主，偶尔也食一些草籽等植物类食物。羽色与环境相近，通常不易发现。

东方大苇莺

学　名：*Acrocephalus orientalis*

英文名：Oriental Reed Warbler

保护级别：三有　　**居留类型：夏候鸟**

描述

体长 17 ~ 19 cm 的一种苇莺，喙较长呈粉色，喙峰黑色，头顶、上体及两翼橄榄褐色，皮黄色眉纹明显，眼先黑色，飞羽黑褐色，羽缘棕褐色，尾羽暗褐色，胸部有不显著的褐色纵纹，停歇时常常耸起冠羽。

分布

国内广泛分布。

习性

栖息于稀树草原，灌丛，草原，湿地及陆地人为生态等多种生境。擅鸣叫，喜在湿地的苇丛、灌丛和附近的树上蹦跳、鸣叫。常在苇丛中营巢。

家燕

学　名：*Hirundo rustica*

英文名：Barn Swallow

保护级别：三有	居留类型：夏候鸟

描 述

体长 15 ~ 19 cm。成鸟喙黑色，前额栗红色，头及上体深蓝色，具有金属光泽。胸偏红而具一道蓝色胸带，腹白色。尾羽分叉像“剪刀”，所有尾羽均具白色次端斑。

分 布

国内广泛分布于各省，在大部分地区为夏候鸟。

习 性

喜集群活动，迁徙时集大群。活动于农田和荒野，也在城市中出现。常营巢于人家屋檐下，为泥制碗状巢。爱干净，幼鸟将粪便排在巢外。常在空中群飞捕捉飞虫。

崖沙燕

学　名：*Riparia riparia*

英文名：Sand Martin

保护级别：三有	居留类型：夏候鸟

描 述

体长 12 ~ 13 cm。雌雄同色，成鸟喙黑色。头、上体及两翼灰褐色，腹白，尾羽浅叉形；下体白色并具一道特征性的褐色胸带。

分 布

国内广泛分布。

习 性

栖息于湿地边沙质岸滩或崖壁，在土洞中营巢。喜集群互动，常常与其他燕类混群。食物以昆虫为主。

文须雀

学　名：*Panurus biarmicus*

英文名：Panurus biarmicus

保护级别：三有	居留类型：留鸟

描述

体长 15 ~ 18 cm。喙短呈黄色，雄鸟头较灰，身体和尾羽暖褐色，眼周黑色并向下延伸形成一簇髭纹，似两撇胡须。雌鸟则无黑色髭纹，头部淡黄棕色，身体和尾羽较浅的暖褐色。

分布

国内主要分布于北方，常见于湿地。

习性

多成对或成小群活动，有时集成数十只的大群。常在水边的杨、柳树枝叶间和芦苇顶端取食嫩芽和种子。性活泼，通常营巢于芦苇或灌木下部。

白头鹎

学　名：*Pycnonotus sinensis*

英文名：Light-vented Bulbul

保护级别：三有	居留类型：留鸟

描 述

又名白头翁，体型中等，体长 17 ~ 22 cm。喙黑色，雄鸟胸部灰色较深，雌鸟浅淡，前额至头顶纯黑色，两眼上方至后枕白色，耳羽后部有一个白斑，上体灰绿色，两翼和尾羽褐色，具鲜艳的黄绿色羽缘。

分 布

国内常分布于华北及其以南地区。

习 性

栖息于低海拔的低山丘陵和平原地区的灌丛。杂食性，性活泼，结群于果树上活动。一般营巢于灌丛或树上，巢为杯状。

紫翅椋鸟

学　名：*Sturnus vulgaris*

英文名：Common Starling

保护级别：三有	居留类型：迷鸟

描 述

体长 25 ~ 28 cm。繁殖期成鸟喙亮黄色，非繁殖期喙黑色。全身呈有金属光泽的墨绿色并有白色点斑，头深墨绿色接近黑色。雄鸟颈部呈紫色，飞羽咖啡色，雌鸟整体颜色较雄鸟暗，金属光泽不如雄鸟明显。

分 布

主要分布于新疆，其他地区也有分布。

习 性

栖息于开阔林区，在林缘、农耕区、城镇周围及荒漠边缘地带较常见。单独或集群活动，有时与灰椋鸟混群，喜欢在地面行走觅食。

灰椋鸟

学　名：*Spodiopsar cineraceus*

英文名：White-cheeked Starling

保护级别：三有	居留类型：留鸟

描 述

体长 19 ~ 23 cm。黑白灰色调的鸟，喙和足橙色，喙端带黑色。成年雄鸟头顶及枕部深灰黑色，脸颊有一块大白斑，额基上方为驳杂的灰白色，腹及背灰色，尾下覆羽污白色，在飞行时白腰明显。成年雌鸟头颈部不如雄鸟色深，耳羽白色面积较小。

分 布

繁殖于东北、华北和西北东部，有迁徙性，冬季也有部分群体不迁徙，黄河以南主要为越冬个体。

习 性

适应性强，活动于接近农田的开阔地、矮草地，亦多见于人居环境附近的城市绿地。常集群活动，在地面觅食行走，也在树上取食桑葚等浆果。营巢于天然树洞中。

银喉长尾山雀

学　名：*Aegithalos glaucogularis*
英文名：Silver-throated Bushtit

保护级别：三有　　居留类型：留鸟

描述

体长 13 ~ 16 cm。喙短小而黑。小巧蓬松，主色调为黑白灰棕。成鸟头顶及枕部黑色、具白色冠纹，喉具黑斑，尾羽黑色而带白边。各亚种图纹色彩有别。

分布

常见于华北地区的留鸟。

习性

栖息于山地针叶林或针、阔混交林中。繁殖期外结成小群至大群，常见于树冠或灌丛顶部，捕食空中的昆虫。食物中约有 95% 是危害树木的害虫，对卫护林木有益处。群飞时似带柄的乒乓球。

斑鸫

学　名：*Turdus eunomus*

英文名：Dusky Thrush

保护级别：三有	居留类型：冬候鸟

描述

体长 23 ~ 25 cm。成年雄鸟头顶、耳羽至颈后深灰黑色，上背黑褐，具白色眉纹，翅棕色，背部及尾黑褐色，下体白色，胸、胁及侧腹部黑，羽缘白，两胁具黑斑。雌鸟头及上体偏褐，眉纹皮黄；下体黑色不显著，翼上棕色浅。雄雌同型。

分布

分布在中国的大部分地区。

习性

常成群活动，多与红尾斑鸫混群，在丘陵、林缘等地带觅食。食物以各种昆虫为主，也会取食各种植物的果实种子。

红尾斑鸫

学　名：*Turdus naumanni*
英文名：Naumann's Thrush

保护级别：三有	居留类型：冬候鸟

描 述

又名红尾鸫，中等体型，体长 23 ~ 25 cm。成年雄鸟背部和头部灰褐色带有锈色，下背、腰部及尾上覆羽橙红色，眼先黑褐色，眉纹、眼下、颏、喉至上胸橙红色，下胸至两胁及侧腹部和尾下覆羽大面积暗橙红色，羽缘白色，似鳞状，腹部中央近白色，尾羽大部暗橙红色，末端深褐色。雌鸟体色较雄鸟浅。

分 布

在国内广泛分布。

习 性

常集群活动，与其他鸫类混群，取食昆虫、浆果、种子等。

黑喉鸫

学　名：*Turdus atrogularis*

英文名：Black-throated Thrush

保护级别：三有	居留类型：冬候鸟

描述

体长 20 ~ 27 cm。成年雄鸟头顶、耳羽至颈后灰黑色，背部至尾上覆羽及两翼灰色，眼先深黑色，脸颊，喉部和胸部均为黑色，下胸至尾下覆羽白色，有单色杂斑，尾羽深灰色。成年雌鸟似雄鸟，但喉部黑色较浅且常呈鳞状黑斑，下体有黑灰色细纵纹。

分布

在中国繁殖于新疆，向南或向东迁徙越冬。

习性

常集群活动，也与其他鸫类混群，冬季以浆果等为食，也喜爱取食柏树种子。鸣叫似赤颈鸫。

赤颈鸫

学　名：*Turdus ruficollis*

英文名：Red-throated Thrush

保护级别：三有	居留类型：冬候鸟

描述

体长 22 ~ 27 cm。雄鸟头顶、耳羽及上体青灰色，眼先深黑色，颈部胸部为棕红色，眉纹红色，下胸至尾下覆羽白色，着淡灰褐色杂斑。成年雌鸟似雄鸟，但头褐色，喉偏白色，栗红色部分较浅且喉部具黑色纵纹。

分布

繁殖于新疆西北部，越冬于长江以北的大部分地区。

习性

常成群活动，有时与其他鸫类混合。繁殖于开阔针叶林中，越冬时出现在开阔环境中，如农田、公园、山坡草地疏林或平原灌丛中。取食昆虫、小动物及草籽和浆果。

虎斑地鸫

学　名：*Zoothera aurea*

英文名：White's Thrush

保护级别：三有	居留类型：旅鸟

描 述

体长 26 ~ 30 cm。头顶及上体黄褐色，下体白色，布满褐色和黑色的鳞状斑纹。耳羽处有一不规则黑斑，通常呈月牙状或水滴状，眼下黑白驳杂。尾长，中央尾羽亮褐色，外侧尾羽褐黑色，最外侧两对尾羽外缘白色。飞羽黑褐色，翼下形成两组黑白相间的翼带。

分 布

国内繁殖于东北、中部及西南山区，越冬于南方地区。

习 性

地栖性，常单独或成对活动，多在林下灌丛中或地上行走觅食，鸣声为平调长哨音。主要以昆虫和无脊椎动物为食，食物以昆虫为主，此外也吃少量植物果实植物性食物。

北红尾鸲

学　名：*Phoenicurus auroreus*

英文名：Daurian Redstart

保护级别：三有	居留类型：留鸟

描述

体长 13 ~ 15 cm。成年雄鸟头部整体黑色，头顶灰白，上背及肩羽黑色，胸腹橘红鲜艳，两翼大部黑色，次级飞羽基部白，形成白色三角形翼斑。雌鸟头胸至腹部浅褐色，下体橘黄，两翼棕褐色，白色翼斑较小甚至无翼斑。

分布

国内广泛分布。

习性

常站在显眼的枝头、电线等处，停栖时常常抖尾巴，或与抖尾巴同步摇晃身体。

雀形目
鹟科

黑喉石䳭

学　名：*Saxicola maurus*
英文名：Siberian Stonechat

保护级别：三有	居留类型：夏候鸟

描 述

体长 12 ~ 15 cm。雄鸟头部黑色，上体深褐，背部及两翼黑褐色，颈、翼及尾上覆羽有白斑，下体淡褐色。雌鸟头部棕褐色，头顶具黑色细纹，背部深褐色，白色翼斑面积较雄性小。

分 布

国内广泛分布。

习 性

常在开阔灌丛地带的枝头站立，单独或成对活动，主要以昆虫为食，也吃蚯蚓、蜘蛛等其他无脊椎动物以及少量植物果实和种子。

麻雀

学　名：*Passer montanus*

英文名：Eurasian Tree Sparrow

保护级别：三有	居留类型：留鸟

描 述

体长 12 ~ 15 cm。雌雄同色，喙深铅灰色而厚实。显著特征为黑色喉部，白色脸颊上有黑斑，贯眼纹黑色，头顶及颈背褐色，颈背有完整的灰白色领环，两翼近黑色，羽缘棕色，尾近黑色。

分 布

国内广泛分布。

习 性

主要栖息在人类居住环境，性喜成群，除繁殖期外，常成群活动，食性较杂，主要以谷粒、草子、种子、果实等植物性食物为食，繁殖期间也吃大量昆虫。

太平鸟

学　名：*Bombycilla garrulus*

英文名：Bohemian Waxwing

保护级别：三有	居留类型：冬候鸟

描 述

又名十二黄，体型中等，体长 19 ~ 23 cm。雄鸟头部棕褐色，贯眼纹黑色，头顶有显著的冠羽，两翼棕褐色，翼尖黑色具两道白色翼斑，次级飞羽红色突出明显，初级飞羽外缘黄色，腰及尾上覆羽褐灰至灰色，胸部淡粉褐色，尾下覆羽栗棕色。雌鸟羽色与雄鸟相似，但次级飞羽红色突出部分及初级飞羽外缘黄色不明显。

分 布

国内常见于西北、东北、华北、华南、华东等地区。

习 性

喜在树上层活动，除繁殖期成对活动外，其他时候多成群活动，主要以植物果实为食，在接近水域的针叶树上筑巢。

黄头鹡鸰

学　名：*Motacilla citreola*

英文名：Citrine Wagtail

保护级别：三有	居留类型：夏候鸟

描述

体长 16 ~ 20 cm。雄鸟头、胸至腹部为鲜黄色，后颈黑色，背黑色或灰色，腰暗灰色，两翼黑色具白色斑纹，尾羽近黑色，最外侧尾羽白色，尾下覆羽白色。雌鸟整体颜色较雄鸟淡，头灰褐色，有一较宽的淡黄色眉纹，背部灰褐色或橄榄褐色。

分布

国内广泛分布。

习性

主要栖息于湖畔、河边、农田、草地、沼泽等各类生境中，常成对或成小群活动，喜在近水湿地行走，尾羽不停摆动。主要以昆虫为食，偶尔也吃少量植物性食物。

白鹡鸰

学　名：*Motacilla alba*
英文名：White Wagtail

保护级别：三有	居留类型：留鸟

描 述

体长 16 ~ 19 cm。额头顶前部和脸白色，头顶后部、枕和后颈黑色。背、肩黑色或灰色，在翅上形成明显的白色翅斑。尾长而窄，尾羽黑色，最外两对尾羽为白色。雌鸟似雄鸟但整体色浅。

分 布

国内广泛分布。

习 性

主要栖息于河流、湖泊、水库、水塘等水域岸边，常单独成对或 3 ~ 5 只的小群活动，主要食物为鞘翅目、双翅目、鳞翅目、膜翅目等昆虫。

黄鹡鸰

学　名：*Motacilla tschutschensis*

英文名：Eastern Yellow Wagtail

保护级别：三有	居留类型：夏候鸟

描 述

体长 15 ~ 19 cm。成鸟额、头枕和后颈为蓝灰色，细长的眉纹黄白色，眼下亦略缀黄白色，上体灰褐绿色，腰泛黄色，下体鲜黄色或白色。

分 布

国内广泛分布。

习 性

栖息于低山丘陵、平原以及高原和山地，非繁殖期常成群活动，喜在近水湿地行走，尾部不停上下摆动，主要以昆虫为食。

灰鹡鸰

学　名：*Motacilla cinerea*

英文名：Gray Wagtail

保护级别：三有	居留类型：夏候鸟

描 述

体长 17 ~ 19 cm。雄鸟前额、头顶、枕和后颈灰色或深灰色，具有长且宽的白色眉纹，颊纹白色，上体大致为灰色，两翼近黑色，尾上覆羽鲜黄色，部分沾有褐色，中央尾羽黑色或黑褐色具黄绿色羽缘，雌鸟及非繁殖期雄鸟喉部为白色，有时具斑驳黑色。

分 布

国内广泛分布。

习 性

栖息于溪流、河谷、沼泽、池塘等多种水域岸边。常单独或成对活动，迁徙时成松散小群，尾常不停上下摆动，主要以昆虫为食。

山鹡鸰

学　名：*Dendronanthus indicus*

英文名：Forest Wagtail

保护级别：三有	居留类型：夏候鸟

描 述

体长 15 ~ 18 cm。雄鸟额、头顶、后颈、肩、背等整个上体橄榄绿褐色，腰部较淡。下体颏、喉白色，喉侧微沾暗褐色斑点，胸亦为白色，上胸部有一黑褐色横带，下胸部有一断开的黑褐色横带，其余下体白色。两胁微沾淡棕色或橄榄褐色。雌鸟和雄鸟相似，但羽色较暗淡。

分 布

国内除西部地区外广泛分布。

习 性

主要栖息于低山丘陵地带的山地森林中，常单独活动为树栖形，喜在树枝上行走活动，尾常常左右摇摆，主要以昆虫为食。

水鹨

学　名：*Anthus spinoletta*

英文名：Water Pipit

保护级别：三有	居留类型：留鸟

描述

体长 15 ~ 18 cm。雌雄相似。成鸟繁殖羽头部偏灰色，胸腹部近粉色。非繁殖羽头顶偏黄褐色具清晰点斑，眉纹白色，背部黄褐色具不显著的深褐色纵纹，下体大部分为灰白色具较细的灰黑色斑纹。成鸟非繁殖羽胸部及两胁的纵纹较显著。

分布

国内广泛分布。

习性

主要栖息于山地、林缘、灌木丛、草原、河谷地带，喜在近水湿地行走，尾常不停上下摆动，常单个或成对活动，主要以昆虫为食，此外还吃苔藓、谷粒、杂草种子等植物性食物。

锡嘴雀

学　名：*Coccothraustes coccothraustes*

英文名：Hawfinch

保护级别：三有	居留类型：冬候鸟

描述

体长 16 ~ 20 cm。喙粗大呈铅蓝色。雄鸟头顶至枕部、头侧及颊部均为棕黄色，背羽棕褐色，腰浅棕黄色。黑色翅有蓝紫色金属光泽，具白色翼斑，尾羽基部黑色，末端白色，下体浅灰红。雌鸟与雄鸟相似，头部多为浅棕灰色，飞羽少金属光泽。

分布

除青藏高原、海南外，广泛分布于全国各地。

习性

栖息于平原、丘陵和低山区的阔叶林和人工林中。属于群居性鸟类，食物以植物为主，兼食昆虫，在阔叶树的侧枝上营巢。

燕雀

学　名：*Fringilla montifringilla*

英文名：Brambling

保护级别：三有	居留类型：冬候鸟

描述

体长 14 ~ 16 cm。雄鸟繁殖羽喙黑色，头、后颈至上背黑色，下背、腰、尾上覆羽白色，具白色肩羽，棕色翼斑，黑色尾羽呈浅叉形，颌、喉、胸橙色，两胁具黑色斑点，下体余部白色。雄鸟非繁殖羽喙黄色，喙端黑色，头部黑褐色。雌鸟头灰褐色，颜色较雄鸟暗淡。

分布

分布于中国西北、东部及南部地区。

习性

常栖息于山区和平原的林地，也会在林缘、灌丛和城市园林中出现。喜成群活动。以草籽、果实和农作物为食，兼食昆虫。

金翅雀

学　名：*Chloris sinica*

英文名：Oriental Greenfinch

保护级别：三有	居留类型：留鸟

描述

体长 11 ~ 15 cm。喙粗壮，呈粉色。雄鸟顶冠及后颈暗灰色，背部栗褐色腰部黄色或黄绿色，初级飞羽基部黄色，黄色翼斑显著醒目，外侧尾羽基部及臀黄色，腰黄色。雌鸟似雄鸟，但体色较暗，金黄色羽区稍小且不似雄鸟鲜艳。

分布

国内广泛分布。

习性

栖息于低山、丘陵、山脚和平原等开阔地带的疏林中，常单独或成对活动，秋冬季节有数百只以上的集群现象，主要以植物果实、种子、草籽等为食，也食少量昆虫。

芦鹀

学　名：*Emberiza schoeniclus*

英文名：Common Reed Bunting

保护级别：三有	居留类型：冬候鸟

描述

体长 14 ~ 17 cm。喙深灰色，有显著的白色下髭纹。繁殖期雄鸟似苇鹀但上体多棕色，后颈及颈侧白色，背部红褐色具有黑色纵纹。雌鸟和非繁殖期雄鸟头部黑色褪去，头顶及耳羽具杂斑，有黄色眉线。与苇鹀相似，但较苇鹀稍大，且喙峰略呈弧形。

分布

国内分布于东部和北部地区。

习性

栖息于高芦苇地，冬季也在林地、田野及开阔原野取食。非繁殖期通常单独活动、集小群或与苇鹀混群，性活跃。

田鹀

学　名：*Emberiza rustica*

英文名：Rustic Bunting

保护级别：三有	居留类型：冬候鸟

描 述

体长 14 ~ 16 cm。喙粗而厚，呈粉色，喙端深灰色。雄鸟头部及羽冠黑色，具白色的眉纹，耳羽上有一白色小斑点。体背栗红色具黑色纵纹，翼及尾灰褐。雌鸟与雄鸟相似，羽色较浅，以黄褐色取代雄鸟黑色部分。

分 布

国内广泛分布。

习 性

栖息于平原的杂木林、灌丛和沼泽草甸中，迁徙时间集结成群，常与其他鹀类混群，以草籽、谷物为主要食物。

19

Part nineteen

两爬兽

表 1 两爬兽

纲	目	科	物种	学名	保护级别
两栖纲	无尾目	蛙科	黑斑侧褶蛙	*Pelophylax nigromaculatus*	
		蟾蜍科	花背蟾蜍	*Strauchbufo raddei*	三有保护
爬行纲	龟鳖目	鳖科	中华鳖	*Pelodiscus sinensis*	
	蜥蜴目	鬣蜥科	荒漠沙蜥	*Phrynocephalus przewalskii*	三有保护
		蜥蜴科	丽斑麻蜥	*Eremias argus*	三有保护
哺乳纲	翼手目	蝙蝠科	大棕蝠	*Eptesicus serotinus*	
			北棕蝠	*Eptesicus nilssoni*	
	食虫目	猬科	达乌尔猬	*Mesechinus dauuricus*	三有保护
	食肉目	鼬科	黄鼬	*Mustela sibirica*	三有保护
			艾鼬	*Mustela eversmanni*	三有保护
			亚洲狗獾	*Meles leucurus*	三有保护
	啮齿目	鼠科	褐家鼠	*Rattus norvegicus*	
			小家鼠	*Mus musculus*	
			长爪沙鼠	*Meriones unguiculatus*	
			子午沙鼠	*Meriones meridianus*	
		跳鼠科	五趾跳鼠	*Allactaga sibirica*	
			三趾跳鼠	*Dipus sagita*	
		松鼠科	达乌尔黄鼠	*Spermophilus dauricus*	
	兔形目	兔科	蒙古兔	*Lepus tolai*	三有保护
		鼠兔科	达乌尔鼠兔	*Ochotona daurica*	

主要参考文献

〔1〕国家林业和草原局，农业农村部 . 国家重点保护野生动物名录 [EB/OL].（2021–02–05）https://www.forestry.gov.cn/c/www/gkml.jhtml

〔2〕国家林业和草原局，农业农村部 . 有重要生态、科学、社会价值的陆生野生动物名录 [EB/OL] .（2023–06–30）https://www.forestry.gov.cn/c/www/gkml.jhtml

〔3〕郑光美 . 中国鸟类分类与分布名录：4 版 [M]. 北京：科学出版社 , 2023.

〔4〕何杰坤，郜二虎，徐扬，等 . 中国陆生野生动物生态地理区划研究 [M]. 北京：科学出版社，2018.

〔5〕李学明，张清臣，饶娟娟 . 宁夏吴忠黄河国家湿地公园春季鸟类多样性调查 [J]. 安徽农业科学， 2018：89–92，105.

附录 APPENDIX

中文名索引

学名索引

英文名索引